U0149440

漫步上海老房子

外滩篇

吴飞鹏——著

生活·讀書·新知 三联书店

Copyright © 2023 by SDX Joint Publishing Company.
All Rights Reserved.
本作品版权由生活·读书·新知三联书店所有。
未经许可，不得翻印。

图书在版编目（CIP）数据

漫步上海老房子. 外滩篇/吴飞鹏著. —北京：
生活·读书·新知三联书店，2023.7
ISBN 978-7-108-07579-6

Ⅰ.①漫…　Ⅱ.①吴…　Ⅲ.①民居-介绍-上海
Ⅳ.①TU241.5

中国版本图书馆CIP数据核字(2022)第227709号

责任编辑　麻俊生
图片拍摄　焦　磊（Steven）
封面设计　储　平
出版发行　生活·讀書·新知 三联书店
　　　　　（北京市东城区美术馆东街22号）
邮　　编　100010
印　　刷　上海丽佳制版印刷有限公司
排　　版　南京前锦排版服务有限公司
版　　次　2023年7月第1版
　　　　　2023年7月第1次印刷
开　　本　880毫米×1230毫米　1/32　印张　5.75
字　　数　188千字
定　　价　48.00元

序

建筑是凝固的历史和文化，漫步一座城市，感受最深的是建筑。

上海自 1843 年开埠以来，以赉安、邬达克等为代表的外国建筑师和以庄俊、董大西等为代表的中国建筑师，先后为上海设计建造了众多的城市建筑，包括住宅、商用、公共等各类建筑，这些建筑采用了当时世界流行的多种建筑风格，也吸收了中国传统建筑元素式样，形成中西合璧的“万国建筑博览群”。徜徉于这些建筑当中，仿佛置身于异乡他国，更有如走进了上海乃至中国的近代历史中。

经历了百年多的风雨岁月，上海不少老建筑令人遗憾地消失了，而遗存下来的老建筑越发显得珍贵。这些老建筑承载着上海近代以来的屈辱与辉煌，每一座老建筑都有说不完的故事和讲不尽的传奇，它们是上海城市历史风貌的重要组成部分。很难想象，假如没有了这些老建筑，我们还怎样去触摸上海城市的文脉，还怎样去寻找上海的根。

值得欣慰的是，在城市更新改造中，人们对老建筑的保护意识有了增强，一些即将被拆除的老建筑在有识之士的呼吁下得以幸存下来。2020 年 1 月 1 日，上海实行了修改后的《上海市历史风貌和优秀历史建筑保护条例》，公布了 5 批 1058 处、3075 幢优秀历史建筑，3437 处不可移动文物，397 条风貌保护道路（街巷），84 条风貌保护河道，44 片历史文化风貌区及 250 处风貌保护街坊。另外，每年 6 月的第 2 个星期六为我国的“文化和自然遗产日”，这一天，上海会有许多免费开放的历史建筑可供参观。

2017 年我在生活·读书·新知三联书店出版了一本小书《漫步上海老房子》，作为上海建筑阅读的指南用书，很受读者欢迎，就连旅居海外的华人也有托亲人或朋友购买，用来了解上海的老建筑，感受上海的新变化。这本书出版社早就没了库存，市面上也很难买到了，还出现了不少盗版书。近几年来，上海仍在不停地发展变化着，新的道路开通了，老旧小区改造加速了，一些具有独特风格和历史价值的老建筑被重新发现并得到妥善维护，就连我这个土生土长的老上海人也惊异于上海的巨大变化。许多热心的读者朋友建议我将上海的新变化反映进去，于是我有了修订这本小书的想法。

2022年上半年，受新冠疫情的影响，我不得不暂时中断带领老房子爱好者徒步上海的活动，就此安心在家修订这本书。这次修订，延续了上一版徒步路线的指南方法，在经典路线的设计上突出了近年贯通的黄浦江滨江和苏州河河岸的风光带、工业遗址和老建筑的文化地标，在介绍上也更加详细和生动。重新设计的9条徒步路线基本上不与上一版的17条经典路线重合，两本书可以起到互补的作用。

感谢摄影师焦磊（Steven）先生不辞辛苦，为这本书拍摄了大量精美的图片，使这本书更具观赏和收藏价值。感谢生活·读书·新知三联书店资深编辑麻俊生先生一如既往的大力支持，他是我的新书《寻找赉安》的责任编辑，也是上一版《漫步上海老房子》的责任编辑，这次又担任了修订版《漫步上海老房子——外滩篇》的责任编辑。他对上海海派文化的热爱让我心存敬意，他为这本书所付出的心血不是我用语言可以表达的。感谢这些年来一直跟随着我参加“漫步一座城”活动的众多朋友，你们的热情支持和鼓励是我投身于研究和传播上海老建筑文化的最佳动力。当然，书中如有不周之处，概由作者本人负责，也欢迎读者朋友批评指正。

Contents 目录

第1站 外滩 1

第2站 外滩源 24

第3站 南京东路 50

第4站 四川中路 68

第5站 江西中路 87

第6站 北外滩 117

第7站 四川北路 135

第8站 北苏州路 155

第9站 南外滩 168

第 1 站

外滩

黄浦江岸外滩

黄浦路
四川北路
北苏州路
外白渡桥
黄浦江
苏州河
四川路桥
乍浦路桥
南苏州路
外滩公园
英国驻沪总领事馆及官邸
虎丘路
东方汇理银行大楼
中山东一路29号
恰泰大楼 28号
香港路
圆明园路
北京东路
北京东路
怡和洋行大楼 27号
扬子保险公司大楼 26号
横滨正金银行大楼 24号
中国银行大楼 23号
黄浦江
滇池路
和平饭店 20号
中山东一路
南京东路
汇中饭店 19号
麦加利银行大楼 18号
字林西报大楼 17号
台湾银行大楼 16号
四川中路
南京东路站
九江路
华俄道胜银行大楼 15号
交通银行大楼 14号
第一站 外滩
江西中路
汉口路
江海关大楼 13
汇丰银行大楼 12号
福州路
轮船招商总局大楼 9号
大北电报公司大楼 7号
旗昌洋行大楼 福州路17-19号
中国通商银行大楼 6号
日清大楼 5号
广东路
有利大楼 4号
上海总会大楼 2号
上海总会大楼 中山东一路1号
河南中路
麦边大楼 中山东一路1号
外滩信号台
延安东路

· 外滩漫步示意图

黄浦江畔的外滩（即中山东一路）南起延安东路，北至苏州河上的外白渡桥（旧称外摆渡桥），全长 1500 米。1844 年起，外滩这一带被划为英租界，其范围东起外滩第一排建筑，西到河南中路东侧，南至洋泾浜（现延安东路），北至苏州河南岸。至 1848 年，英租界的西界推进到今日的西藏中路。

1848 年，外滩的马路诞生时，人们称它为外黄浦滩或黄浦滩。1861 年，外滩（The Bund）的称呼开始出现。1862 年，外滩被正式定名为扬子路。1943 年，上海的公共租界交还于汪伪国民政府，终结了长达一百年的租界历史。1945 年，外滩被更名为中山东一路。

英租界在 1843 年之后就开始了外滩的建筑布局，最早的一批建筑以外廊式为主。1880 年左右逐步开始重新兴建。从 20 世纪初开始又再次翻建新楼，其时，新古典主义风格的大楼逐步取代了旧时的建筑。及至 20 世纪末期，装饰艺术派的高楼开始出现在外滩。我们今天所见的基本是外滩的第三批建筑群。

外滩经历了中国金融与贸易从萌芽到高峰的一百多年历史。自 20 世纪下半叶起，外滩的商业格局发生重大变化，21 世纪初外滩再次调整商业定位。如今，大量西式餐厅、酒吧和艺术画廊入驻外滩，为昔日的“十里洋场”增添了休闲和文化气息，吸引着世界各地游客的目光。

外滩信号台 这是外滩的标志性建筑之一，坐落于延安东路与外滩的交叉口。外滩信号台建于 1884 年，初始为一根长长的木桅杆的气象信号台，木桅杆顶部悬挂气象警报信号，并有风球指示风向。1907 年 3 月，原信号台开始了新的改建工程，于 1908 年 7 月落成为一座圆柱形的高塔，塔高 36.8 米，塔顶建有 9 米高的报时桅杆，整体为一座古典式西洋建筑。1926 年再次对信号台进行扩建，主要是底座附房的扩建工程。1927 年 8 月，扩建工程完工，即为我们今天所见的完整的信号台。1993 年，它在外滩的整体改造中被东移了 26 米。

外滩信号台

麦边大楼（The McBain Building） 中山东一路 1 号 建于 1913 年，竣工于 1916 年，麦克贝恩公司投资建造，马海洋行（Moorhead & Halse）设计，当时人们用其英文的发音来称呼这座大楼为“麦边大楼”。新古典主义建筑风格，局布略有巴洛克风格体现，平面为回形，花岗石贴面，原建 7 层，1939 年加建至 8 层，立面横三段竖三段，东面入口为拱券门洞，高至 2 层，爱奥尼克双柱并立两侧。1917 年，麦边大楼除了麦克贝恩公司自用外，还进驻了英商亚细亚石油公司在上海成立的办事处，遂改称亚细亚大楼（The Asiatic Petroleum Company Building）。亚细亚公司是英国壳牌运输贸易公司与荷兰皇家石油公司的子公司，总公司在伦敦。原亚细亚大楼内的贸易商行广大华行，时为筹措资金和外汇的中共秘密机构，主管是卢绪章和杨延修。1949 年 6 月，广大华行在香港做了最后的清算，所有资产全部并入华润公司。电影《与魔鬼打交道的人》就是以广大华行的人物和故事为素材的。如今的上海历史博物馆内收藏有当年贴在亚细亚大楼墙上的铜牌。上海解放后，时任上海市市长陈毅的外交顾问郑康琪博士被选中出任亚细亚石油公司上海办事处的总经理。1957 年，郑康琪因病去世，其妻子郑念（姚念贻）接替丈夫担任亚细亚石油公司英籍总经理助理，直到 1966 年 9 月，此后，郑念经历了种种磨难，最终写出《上海生死劫》。如今，麦边大楼成为久事国际艺术中心，经常不定期举行各种展览活动。

麦边大楼 中山东一路 1 号

麦边大楼南立面的入口

上海总会大楼 中山东一路2号 这是上海总会的第二代建筑，1909年2月奠基，1911年1月6日正式启用，最初为英国总会，占地面积1937平方米，高5层，钢筋混凝土结构，新古典主义建筑风格，由致和洋行（Tarrant & Morriss）的建筑师塔兰特（B. H. Tarrant）设计。20世纪初，外国商贾多聚集于此。随着中国经济的发展，这里逐渐有了中国商人的影子。1930年代，英国总会改为上海总会。1941年底至1945年这里成为日军俱乐部。1956年后，这里是国际海员俱乐部。1971年改为东风饭店。1989至1996年上海第一家肯德基餐厅在此开业。随后闲置多年，2009年开始大楼的修复。它作为背后耸立的华尔道夫酒店的入口，不仅保留着拥有近百年历史的三角形铁栅栏西门子电梯，底层南侧的酒吧里还有一座约34米长的大理石吧台。这座吧台很著名，为当年英国冒险家们在此抽雪茄饮酒的社交场地。

上海总会大楼 中山东一路2号

上海总会大楼的底层大厅

上海总会大楼底层酒吧的吧台

有利大楼（Union Building） 中山东一路 4 号 竣工于 1916 年，为上海第一栋钢结构建筑，占地面积 2241 平方米，建筑面积 13760 平方米，高 7 层，公和洋行（Palmer & Turner Group）设计，仿文艺复兴建筑风格，兼有新古典主义的韵味，钢框架来自德国克虏伯工厂的定制，建筑立面横竖三段构图，底层用重块石叠砌，凹凸有致，充满古典意象。当年它是外滩层高比赛的冠军。它的前身为 3 层高的英商天祥洋行的方形楼。天祥洋行因联合多家公司投资这座高大的新楼，其中就有英国有利银行，所以大楼以有利大楼为名，又按英文名称被称为联合大楼。1953 年，上海市民用建筑设计院租用此楼。1997 年，新加坡佳通私人投资有限公司买下此楼的产权。2004 年被称为“外滩 3 号”，以餐饮和画廊为主，顶层平台有餐厅可欣赏外滩旖旎风光。

有利大楼 中山东一路 4 号

有利大楼转角的入口

有利大楼的塔亭

日清大楼 中山东一路 5 号 建于 1921 年，竣工于 1925 年，新古典主义建筑风格，略具日本近代建筑式样，高 6 层，占地面积 1280 平方米，建筑面积 5484 平方米，为德和洋行（Lester Johnson & Morris）的作品，由日清汽船株式会社和一个犹太商人共同投资建造。德和洋行为英国建筑师亨利·雷士德（Henry Lester）、马立师（Gordon Morriss）和约翰逊（George A.Johnson）创办。后来，建筑师雷士德转战房地产实业，成为比肩沙逊、哈同的富商。位于东长治路上的雷士德工学院即是雷士德基金会投资的学院。1932 年，苏联塔斯社在日清大楼设立上海分社，借以收集情报。1949 年后，这里进驻了上海海运局，故也被称为海运大楼，后华夏银行上海分行进驻。现在是高档餐厅，屋顶花园是眺望黄浦江的极佳之地。

中国通商银行大楼 中山东一路6号 这里原是一座3层殖民地式建筑（早期称为元芳大楼），当时是会德丰洋行名下的拍卖行。1880年代早期，产权人旗昌洋行将房屋翻建为4层砖木结构的建筑，即今日我们所见的建筑。这座哥特复兴风格的建筑，屋顶大斜坡，山墙凸出，外墙原为清水砖墙，现已改为水泥粉刷。该大楼由玛礼逊洋行设计，每层的窗洞造型各不相同，分别采用半圆券、弧形券、平券和尖券，每层窗框的边上都有大小不一的壁柱，4楼的南面有一个观光平台，景色甚佳。1897年，盛宣怀筹资兴办中国通商银行买下了这栋楼，在此成立了中国第一家银行——中国通商银行。金融家盛宣怀曾在这里工作。1934年，杜月笙被推举为通商银行董事长。1949年后，通商银行划归中国人民银行，大楼则归长江轮船公司使用。顺便说一下，外滩6、7、9号的地产都曾属于最早在外滩做贸易的旗昌洋行，上海小刀会的首领刘丽川曾经在旗昌洋行做过马夫。

大北电报公司大楼 中山东一路7号 一座严格按照欧洲文艺复兴风格建造的大楼，高4层，整幢楼对称、稳重、统一，三段式外立面，屋顶的两个黑色穹窿和繁复和谐的外立面引人入胜。1882年，大北电报公司在此建

图左为日清大楼 中山东一路5号 图右为中国通商银行大楼 中山东一路6号

大北电报公司大楼 中山东一路7号

立上海第一家电话交换所，成为中国电话通信的鼻祖。1906至1908年，该公司在原址重新设计建成新楼，即我们今日所见，当年，它的底层安置着很多电话听筒供人们打电话。1945年后，它被相邻的通商银行使用。1949年后，该大楼成为长江航运局职工医院。1995年后，泰国盘谷银行获得这里的使用权。

轮船招商总局大楼 中山东一路9号 创办于1818年的美资旗昌洋行在1848年迁址于此，并在这里度过了风云变幻的岁月，当年这里是旗昌洋行长江客运大楼。1885年被轮船招商局租用。轮船招商局是李鸿章和盛宣怀等洋务派筹建的轮船运输公司，为中资企业进入外滩的开始。1891年，旗昌洋行倒闭，轮船招商局买下了旗昌洋行长江客运大楼。1901年，轮船招商总局重建大楼，即为我们今日所见，拥有外廊和红砖的英国文艺复兴建筑风格，由玛礼逊洋行设计，高3层，砖木结构，第2层有塔司干柱敞廊，第3层有科林斯柱敞廊。

轮船招商总局大楼 中山东一路9号 图右的建筑为旗昌洋行遗存的建筑 福州路17–19号

轮船招商总局大楼的入口

旗昌洋行大楼 福州路 17–19 号 这是外滩第一代建筑的遗存，也是外滩最早的建筑，约建于 1850 年，砖木结构，为连续的半圆拱券外廊式建筑，最初为旗昌洋行办公楼，1901 年其东部建筑被拆除，建起了轮船招商局大楼，现遗存的只是部分建筑。

汇丰银行大楼 中山东一路 12 号 竣工于 1923 年，希腊复兴建筑风格的杰作，钢框架混凝土结构，主体 5 层，局部 7 层，由公和洋行的英国建筑师乔治·利奥波德·威尔逊（George Leopold Wilson）设计，为外滩建筑群中占地面积最广、门面最宽广的建筑，号称“从苏伊士运河到远东白令海峡最讲究的建筑”，建筑面积 23415 平方米，外立面以花岗岩饰面，顶部为仿罗马万神庙的穹窿顶，门口的三扇青铜大门和两个黑色铜质石狮子为英国制造。现在我们所见的两个铜质大狮子是复制品，原品在上海历史博物馆，一个怒吼张嘴的名叫史提芬，另一个安静闭嘴的叫施迪。1865 年，英商会德丰洋行的大班麦克莱恩携款抵达上海成立汇丰银行上海分行，随后几年，汇丰银行将业务的重心从香港转移至上海。这里是追忆外滩往昔荣耀和伤痛之地，也是上海近代城市发展历史的缩影。推门而入，大理石圆柱环抱的八角形门厅之上的穹顶壁画灿烂辉煌。“文革”时期，这些壁画被人用白漆覆盖而被保护起来，直到 1997 年浦东发展银行进驻前，这些珍贵的壁画才在装修过程中被发现。1955 年，汇丰银行撤出上海。1955 至 1995 年，这里是上海市人民政府所在地。现为浦东发展银行总部。

汇丰银行大楼 中山东一路 12 号

汇丰银行门厅的穹顶壁画

汇丰银行的营业大厅

江海关大楼 中山东一路13号 奠基于1925年12月25日，竣工于1927年12月9日，公和洋行的英国建筑师乔治·利奥波德·威尔逊设计，新仁记营造厂承建，钢框架结构，占地面积5000平方米，建筑面积32500平方米，东部8层，西部5层，新古典主义建筑风格。江海关大楼的前身为1843年上海道台宫慕久设立的西洋商船盘验所，用以监管外轮的航运及税收。1846年，撤盘验所改设江海北关。江海北关初为一栋2层的中国式建筑，后加建两翼。1891年重建江海北关新楼，为3栋组合的砖木结构哥特式建筑，浦东川沙的匠人杨斯盛主持建造。1920年代初期，隔壁的汇丰银行拆除重建。江海关楼于1923年决定翻建第三代江海关新楼，即为我们今日所见的大楼。江海关大楼的入口为希腊神庙式，设计有4根多立克柱式和铜铸的古典主义大门，入口大厅的八角形藻井以彩色马赛克相拼为帆影海事图案。这座新古典主义的建筑，在顶部退台的钟楼为哥特式，有装饰艺术派的影响。江海关大楼以一座仿英国国会大厦的大钟而闻名，大钟的表面面积为5.4平方

江海关大楼 中山东一路13号

江海关大楼的主入口

江海关大楼入口大厅的八角形藻井

米，长针长 3.17 米，重 49 公斤，大钟如今依然完美地运转着。1928 年 1 月 1 日，大钟以英国皇家名曲《威斯敏斯特》为音乐背景敲响了第一声。1966 年，大钟报时的音乐换成了《东方红》。1986 年，英国女王伊丽莎白二世访问上海，钟声又改为《威斯敏斯特》名曲。1997 年则再次停止《威斯敏斯特》名曲，改为只敲钟无伴奏。2003 年恢复《东方红》乐曲并按刻敲钟。海关大楼的门前曾经矗立着一座赫德（Robert Hart）铜制立像，1943 年被毁掉，铜像的基座现收藏于上海历史博物馆。赫德从 1863 年起任中国海关的总税务司至 1908 年，赫德还是中国邮政的创建人。

交通银行大楼 中山东一路 14 号 建于 1947 年，竣工于 1949 年，装饰艺术派建筑，占地面积 1850 平方米，建筑面积 9200 平方米，由交通银行投资建造，鸿达洋行设计，馥记营造厂承建，为 1949 年前外滩最后落成的一栋大楼。19 世纪末，最初选址于此的是英国宝顺洋行，为上海开埠后被“永租”的第一块地皮。1898 年，宝顺洋行将建筑卖给了德国德华银行。1902 年，德华大楼建成。1916 年，德华银行又在不远处的九江路 89 号建了新的银行大楼。1917 年 8 月，两座德华大楼都作为敌产被政府没收。1928 年，外滩德华大楼被交通银行买下，并设为交通银行中国总部。1947 年该建筑被推倒重建。1951 年，交通银行总部迁回北京，上海总工会随之进入。

图左为交通银行大楼 中山东一路 14 号 其边上的新建筑为外滩国际大楼 中山东一路 14-1 号

华俄道胜银行大楼（Russo-Chinese Bank） 中山东一路 15 号 1899 年始建，竣工于 1902 年，新古典主义建筑风格，德国建筑设计师倍高（Heinrich Becker）设计。底层大厅的彩绘玻璃天棚和回廊如梦如幻。1895 年，沙皇俄国、法国和中国共同出资成立华俄道胜银行，成为中国第一家中外合资银行。1928 年，华俄道胜银行在圣彼得堡的总行因金融投机被迫停业，上海分行也相应关闭。“海上闻人”虞洽卿曾经是这里的买办。现为上海外汇交易中心。

台湾银行大楼 中山东一路 16 号 1895 年《马关条约》签订后，日本在台湾开设了台湾银行。1911 年，台湾银行在此设立上海分行。从 1924 年开始，该大楼重新翻建为一座 4 层的大楼，德和洋行设计，1927 年大楼竣工。1945 年作为敌产被中国政府接管。1949 年之后，上海工艺品进出口公司进驻此楼。1990 年代，招商银行获得此楼的使用权。

华俄道胜银行大楼 中山东一路 15 号

字林西报大楼 中山东一路 17 号 1879 年，字林西报买下了这里的 4 层大楼。字林西报于 1850 年由英国人创办，为上海第一张西文报纸。1880 年，英籍犹太人亨利·马立斯买下了这座大楼。1921 年，亨利·马立斯的儿子小马立斯将旧楼翻新。1923 年，由德和洋行设计的大楼竣工了。它高 9 层，新古典主义建筑风格，顶部有两座爱奥尼克双柱的塔楼，檐部的腰线用 8 座阿特兰特雕像承托，具有强烈的装饰效果。大楼建成后，报社将大部分房间出租给保险公司，著名的友邦保险公司曾于 1927 年进驻该大楼。1941 年 12 月，字林西报的外籍职员被日本人关进了集中营，报纸被

华俄道胜银行大楼的入口

图左为台湾银行大楼 中山东一路 16 号 其边上屋顶有双塔的为字林西报大楼 中山东一路 17 号

字林西报大楼门前的神话人物浮雕

字林西报大楼檐部的阿特兰特雕像

迫停办，直到 1945 年 8 月日本人投降，这些被关押的外籍职员得以解放，之后，字林西报迅速恢复办报，直至 1951 年《字林西报》停刊。1998 年，友邦保险重返此楼，大楼更名为友邦大楼。

麦加利银行大楼 中山东一路18号 竣工于1923年，公和洋行设计，高5层，文艺复兴建筑风格，大门处的4根希腊式大理石立柱来自意大利托斯卡纳的一座教堂。麦加利银行（即渣打银行）于1857年来上海设分行，总部位于伦敦。1955年，中波轮船公司迁入此楼。如今，这里为外滩18号创意中心，其2楼为久事艺术空间。

麦加利银行大楼 中山东一路18号

麦加利银行大楼阳台铸铁栏杆的忍冬草纹样

麦加利银行大楼入口的门厅

汇中饭店（Central Hotel） 中山东一路19号 建于1906年，清水红砖，高6层，1908年竣工，为典型的安妮女王复兴建筑风格，玛礼逊洋行的建筑师斯科特（Walter Scott）和卡特（W. J. B. Carter）设计，王发记营造厂承建，外观局部及内部局部装饰采用巴洛克艺术风格，木制楼梯、扶手栏杆、护墙板等均用木雕装饰。1907年，汇中饭店在建时安装了美国的奥的斯电梯，成为上海最早安装电梯的建筑，还拥有上海第一座屋顶花园，其屋顶的东南、东北及西北角均建有巴洛克式塔亭。此外，汇中饭店是上海较早安装暖气设备和拥有先进卫生设施的建筑，在当年被誉为远东最豪华的饭店。在上海，19世纪中叶至19世纪末的英国建筑被称为“维多利亚建筑”，有多种系列的风格，其中就有安妮女王复兴风格。汇中饭店自1875年起就一直在此经营，1909年2月，“万国禁烟会”在这里召开，来自中、美、法、德等国家的13位代表，共商禁烟事宜。1911年12月25日，中国同盟会本部在此设宴，祝贺孙中山就任临时大总统。1927年，蒋介石和宋美龄的订婚仪式在这里举行。1965年汇中饭店改为和平饭店南楼。2010年又改为斯沃琪和平饭店艺术中心，3楼和4楼的18套工作室由艺术中心提供给受邀的艺术家、音乐家、作家和舞蹈家作为期三个月的艺术驻留。

汇中饭店 中山东一路19号

汇中饭店北立面的入口

汇中饭店的屋顶花园

和平饭店（华懋饭店） 中山东一路 20 号 始建于 1926 年 11 月，竣工于 1929 年 9 月，公和洋行的英国建筑师乔治・利奥波德・威尔逊设计，新仁记营造厂承建，占地面积4442平方米，建筑面积29922平方米，钢框架结构，建筑平面呈“A”字形，东部塔楼为高 77 米的 13 层楼，西部高 10 层，落成后被定名为华懋饭店，因由新沙逊洋行的维克多・沙逊（Victor Sassoon）重金打造，也称沙逊大厦。维克多・沙逊是新中国成立前，上海最大的房地产开发商。他是沙逊家族创始人大卫・沙逊的曾孙，人们将他名下的公司统称为新沙逊洋行，以区别大卫・沙逊的老沙逊洋行。沙逊大厦是维克多・沙逊拆除了祖先老沙逊留下的姐妹楼而建。90 多年来，华懋饭店装饰艺术派的豪华盛名和历史传奇一直广受追捧，其中，以异国情调为主题的九国套房更是声名远扬，分布在 5 至 7 楼。九国套房是沙逊的畅想和理念，他要把不同国家的风情尽数纳入华懋饭店。位于第 10 层塔楼里的沙逊自己的房间仍然保留着当年的模样，现为总统套房。8 层的和平厅依然是豪华的宴会厅。整座华懋饭店还有众多带有沙逊家族灵缇犬族徽和卷涡图案的装饰，3 部主电梯的墙面上、吊灯上、东立面绿色金字塔下方和南北立面底层的铸铁窗上也均有呈现。华懋饭店曾经接待过无数名人，其中有剧作家萧伯纳、电影明星卓别林、美国的马歇尔将军等人。剧作家诺埃尔・考沃德甚至在此写下了名著《私人生活》。1956 年华懋饭店改名为和平饭店，现南京东路入口内的二楼有华懋饭店的历史陈列室。

和平饭店绿色金字塔下的沙逊家族灵缇犬族徽

和平饭店西侧走廊

俯视和平饭店八角庭

图左为和平饭店 中山东一路 20 号
图右为中国银行大楼 中山东一路 23 号

中国银行大楼 中山东一路 23 号 仁记洋行作为在外滩最早“永租”的洋行之一，于 1904 年将地皮和房子卖给了上海的德国总会，而仁记洋行则在边上的滇池路 100 号新建了仁记大楼。1904 年德国总会开建一座巴洛克风格城堡式建筑。1917 年，中国北洋政府向德国宣战，德国总会的这座建筑被没收。1922 年，中国银行投资整修，并入驻此处。1935 年 10 月，德国总会大楼被拆除，中国银行在这里新建大楼，并于 1944 年基本完工，其建筑面积 4600 平方米，使用面积 33720 平方米，东部为 16 层，钢框架结构，最高处为 69.89 米，西部为 4–8 层，钢筋混凝土结构，为装饰艺术派建筑风格，且带有鲜明的中国传统艺术元素，由公和洋行的英国建筑师威尔逊和中国人陆谦受共同设计，陶桂记营造厂承建。中国银行门口左右各有一座貔貅，大门上方可以看见孔子周游列国的浮雕，楼顶为中国传统四角攒尖顶，其檐下的斗拱装饰体现了现代建筑与中国建筑元素的融合。中国银行大楼的中国式攒尖顶和檐口的斗拱装饰要比沙逊的金字塔顶雄伟几分，两座并肩而立的建筑显示了中西方文化在当年的较量和一段与殖民者抗争的历史。

中国银行大楼的入口 门楣上有孔子周游列国的图案

中国银行大楼底层的营业大厅

横滨正金银行大楼 中山东一路 24 号 原为大卫·沙逊创办的老沙逊洋行。新沙逊洋行和老沙逊洋行都属于沙逊家族。作为老沙逊洋行的姐妹楼见证了沙逊家族在上海的发迹史。

1921年，老沙逊洋行撤出中国。1922年该楼被日本横滨正金银行买下，于1924年由公和洋行设计并在原址上重建了这座新古典主义风格的花岗石6层大楼。匈牙利建筑师邬达克开设的克利洋行也曾在此办公。这里也是最早在外滩“永租”的英商老沙逊洋行所在地。现为工商银行上海分行。

横滨正金银行大楼的入口

横滨正金银行大楼的阳台

扬子保险公司大楼 中山东一路26号 和外滩24号一样，这里曾是老沙逊洋行的姐妹楼。1862年，由美商旗昌洋行成立的扬子保险公司就设在这里。扬子保险公司1917年在此重建大楼，落成于1920年，公和洋行设计。1956年前后，这里是上海食品进出口公司。现为中国农业银行上海分行所在地。

图右为扬子保险公司大楼 中山东一路26号 图中为横滨正金银行大楼 中山东一路24号

怡和洋行大楼 中山东一路27号 竣工于1922年，是最早进入上海的贸易公司之一怡和洋行的办公楼。该楼由英籍建筑师思九生

（R. E. Stewardson）设计，裕泰昌营造厂承建，属于文艺复兴建筑风格，占地面积 1987 平方米，钢筋混凝土结构，原高 5 层，1939 年加建了 1 层，1983 年再次加建 2 层。怡和洋行最初是以做鸦片进口为主的洋行，在鸦片战争后反而获得清政府的赔款。1843 年上海开埠后，怡和洋行第一个获得外滩地块道契，所在的这块地被称为“第一号地块”。怡和洋行在上海渗入各行各业，既有私人码头、航运公司，又有纱厂、啤酒厂，并投资建造了中国第一条铁路——淞沪铁路。及至 20 世纪初，怡和洋行已是英商在中国最大的企业，也是上海最大的洋行。1941 年 12 月，怡和洋行被日本三井洋行接管。1946 年，抗战结束后复业。1956 年被上海外贸局接管。2008 年对建筑进行恢复工程。现为罗斯福公馆，设有会所、餐厅和艺术展览，其第 6 层为久事美术馆，顶楼的平台为罗斯福色戒酒吧，可眺望浦江对岸的陆家嘴雄姿。

怡和洋行大楼 中山东一路 27 号

怡和洋行大楼北立面入口

怡和洋行大楼的楼梯

怡泰大楼 中山东一路 28 号 建于 1922 年，高 7 层，文艺复兴建筑风格，公和洋行设计。大门和边门均为罗马拱券，顶层有方形高台塔顶。它的前身为怡泰洋行办公楼。怡泰洋行由英国人创办于 1901 年，专门代理格林轮船公司在华业务，大楼遂改名为格林邮船东方代理公司大楼，简称格林邮船公司大楼。1935 年，大楼被英商蓝烟囱轮船公司收购，人们又称该大楼为蓝烟囱大楼。1945 年，日本投降后被美国海军占用，随后，美国领事馆搬了进去。1951 年 3 月，上海人民广播电台获得使用权。1996 年，广播电台迁往虹桥路广播大厦。现为上海清算所。

怡泰大楼主入口

怡泰大楼南立面入口

怡泰大楼的塔顶

东方汇理银行大楼 中山东一路 29 号 1914 年竣工，高 3 层，每层的层高 7 米以上，法国文艺复兴建筑风格，入口门廊额枋上的巴洛克涡卷式断裂山花十分精美，底层的基座采用花岗石贴面，2 层的门窗为帕拉弟奥组合窗，整个立面凹凸有致，庄重厚实。东方汇理银行的总部在法国，1899 年在上海设立分行。新中国成立后，这里成为上海市公安局交通处。1996 年，光大银行入驻至今。

图左为怡泰大楼 中山东一路 28 号 图右为东方汇理银行大楼 中山东一路 29 号

东方汇理银行大楼入口门廊额枋上的巴洛克涡卷式断裂山花

东方汇理银行大楼2层的帕拉弟奥母题

东方汇理银行大楼底层的营业大厅

东方汇理银行大楼内的楼梯

第2站

外滩源

外滩源俯瞰

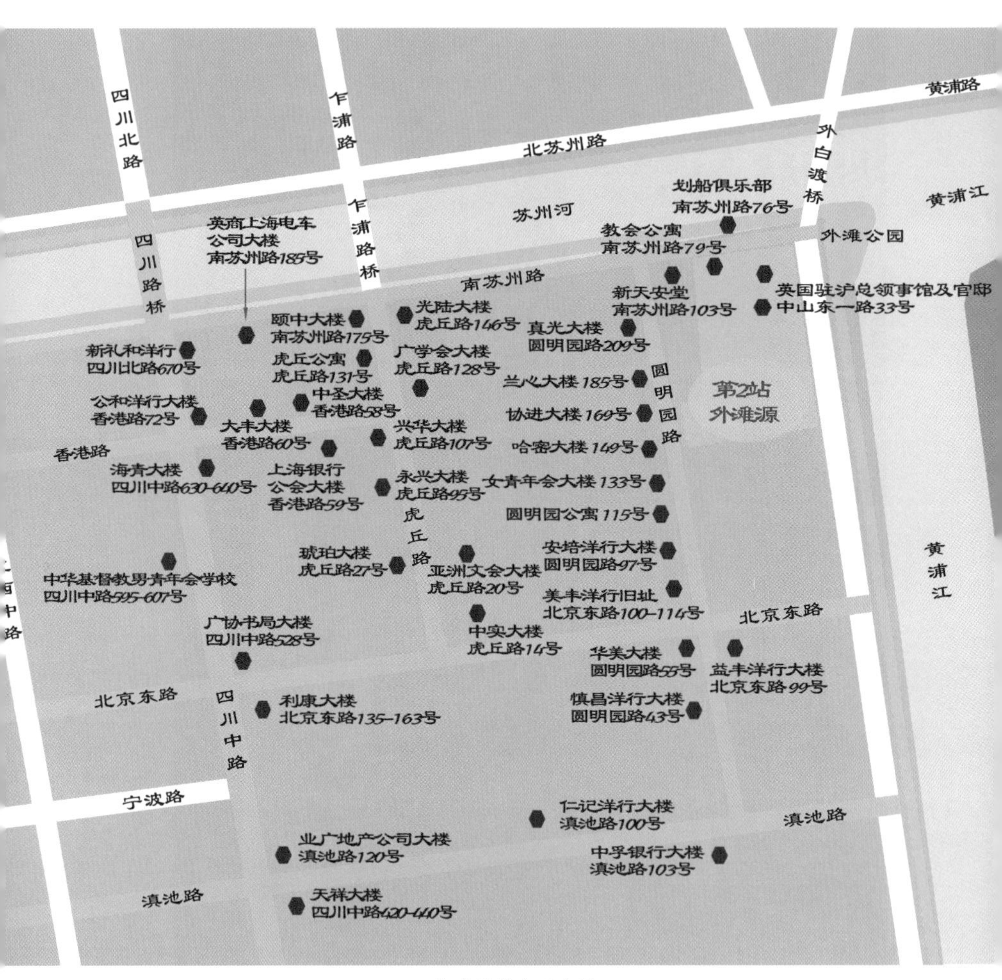

四川北路
乍浦路
北苏州路
黄浦路
外白渡桥
划船俱乐部
南苏州路76号
黄浦江
苏州河
四川路桥
乍浦路桥
英商上海电车公司大楼
南苏州路185号
教会公寓
南苏州路79号
外滩公园
南苏州路
新天安堂
南苏州路103号
英国驻沪总领事馆及官邸
中山东一路33号
颐中大楼
南苏州路175号
光陆大楼
虎丘路146号
真光大楼
圆明园路209号
新礼和洋行
四川北路670号
虎丘公寓
虎丘路131号
广学会大楼
虎丘路128号
兰心大楼 185号
圆明园路
第2站
外滩源
公和洋行大楼
香港路72号
中圣大楼
香港路58号
大丰大楼
香港路60号
协进大楼 169号
兴华大楼
虎丘路107号
哈密大楼 149号
香港路
海青大楼
四川中路630-640号
上海银行
公会大楼
香港路59号
永兴大楼
虎丘路95号
女青年会大楼 133号
圆明园公寓 115号
虎丘路
琥珀大楼
虎丘路27号
安培洋行大楼
圆明园路97号
中华基督教男青年会学校
四川中路595-607号
亚洲文会大楼
虎丘路20号
美丰洋行旧址
北京东路100-114号
北京东路
广协书局大楼
四川中路528号
中实大楼
虎丘路14号
华美大楼
圆明园路55号
益丰洋行大楼
北京东路99号
北京东路
四川中路
利康大楼
北京东路135-163号
慎昌洋行大楼
圆明园路43号
宁波路
仁记洋行大楼
滇池路100号
滇池路
业广地产公司大楼
滇池路120号
中孚银行大楼
滇池路103号
滇池路
天祥大楼
四川中路420-440号
黄浦江

外滩源漫步示意图

外滩源位于苏州河南岸与黄浦江的交汇处，东起黄浦江畔，西至四川中路，北抵苏州河畔的南苏州路，南到滇池路，其中包含圆明园路、虎丘路和香港路。

1849年，英国人在这片土地上首次租借房子，用于英国驻沪总领事馆的办公和官邸。1870年，英国驻沪总领事馆的房子遭遇火灾。1872年，英国人在原址重建了一座外廊式2层的房子作为英国驻沪总领事馆。1882年又建一座英国驻沪总沪领事馆官邸。两座建筑以长廊连接。这是我们目前能看见的外滩历史最为悠久的建筑之一。

西方各国的基督教派驻华机构在这一带留下很多建筑，他们主要从事传教和宗教出版，先后在圆明园路建有真光大楼、协进大楼、基督教女青年会大楼，在香港路建有圣公会大楼，在博物院路（今虎丘路）建有基督教青年会大楼（现虎丘公寓）、广学会大楼。

外滩源保留着一批拥有百年历史的多种风格的建筑，它们是外滩第一排建筑背后逐步涌起的建筑群，是中国近现代金融、贸易、娱乐以及出版业逐步孕育和壮大的起源。最近的十年间，外滩源的建筑在城市更新改造中获得了新生，如今已是上海的文化重地，各种艺术展览和前卫时尚的文化活动在此交汇。

英国驻沪总领事馆 中山东一路33号 1846年，这里成为英国驻沪总领事馆所在地。上海开埠时，从黄浦江到虎丘路，北京东路到苏州河都是英国驻沪总领事馆的范围。领事馆最早的建筑建于1849年，砖木结构，1870年

英国驻沪总领事馆 中山东一路33号

英国驻沪总领事馆西立面

12月28日毁于一场大火，万国建筑博览会之源头建筑消失了。现在我们所见的建筑是由英国建筑师和测量师博伊斯（Robert H. Boyce）设计，余洪记营造厂承建，竣工于1873年。该建筑四坡顶，使用中国小青瓦铺陈屋面，平面几乎正方形，伴有长长的拱券敞廊，高2层，仿英国文艺复兴式建筑风格，也是外廊式建筑，占地面积1520平方米，建筑面积3100平方米，内设英国领事馆、首席法官室、土地处、英国驻中国和日本高等法院（建筑西面）等。这座现存比旗昌洋行稍晚出现的建筑，为外滩最早的建筑之一，因作为1849年就在这里建有英领事馆砖木结构建筑的遗址而被称为外滩源，它见证了无数的中国近代历史的发生。1966年，英国驻沪总领事馆关闭，庞大的花园及建筑为上海对外贸易协会所用。2003年由新黄浦集团置换并修缮，自此享有“外滩源一号”的称呼，后演变为高级餐厅。

英国驻沪总领事馆官邸 中山东一路33号

英国驻沪总领事馆官邸 中山东一路33号 竣工于1882年，是一座2层的维多利亚建筑，为维多利亚时期罗马复兴建筑风格，占地面积646平方米，建筑面积1200平方米，由余洪记营造厂承建。其底层精美的罗马柱式的拱券柱廊令人驻足。英国驻沪总领事馆有一条拱券连廊通往英国驻沪总领事馆官邸。这座已经成为百达翡丽名

图的左下角为英国驻沪总领事馆官邸
图的右上角为英国驻沪总领事馆

英国驻沪总领事馆官邸的外廊

表店的建筑可以进入参观，入口的玻璃天棚为历史建筑的保护部位，底层外廊的花砖依旧是当年铺设的。

新天安堂 南苏州路 103 号 1864 年，英国伦敦会差会在山东路仁济医院旁建了第一栋天安堂（已消失），1884 年，因天安堂人满为患而在外滩又建了一座教堂，于 1886 年竣工并被称为新天安堂。当外滩出现第一座教堂的时候，人们竞相来到这里张望。金发碧眼的洋人和新颖的建筑，令他们大开眼界。1920 年，英国哲学家罗素曾在这座教堂演讲。新天安堂由英国建筑师道达（W. M. Dowdall）设计，整体为哥特式文艺复兴建筑风格。他为教堂设计了一座高 33 米的钟塔，东西各有一座礼拜堂。1901 年，该教堂进行了一次扩建。1949 年之后，英国侨民撤出上海，新天安堂借给旅沪闽人堂每周做礼拜之用。1958 年，旅沪闽人堂的礼拜活动并入黄浦区的联合礼拜堂。随后，钟楼改为上海照明灯具厂的办公

新天安堂 南苏州路 103 号

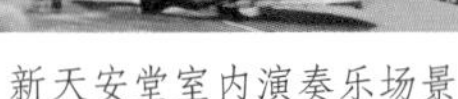

新天安堂室内演奏乐场景

教会公寓 南苏州路 79 号

楼。2007 年 1 月 29 日凌晨 3 时，东侧的礼拜堂被烧毁。2009 年 2 月，有关部门对教堂进行“落架大修”和重建东侧的礼拜堂。2010 年重建落成的新天安堂举办过一些艺术活动，后归于沉寂。2021 年，这座教堂经同济大学建筑设计研究院的室内再设计，上海新丽装饰工程有限公司对教堂进行内部钢结构支撑，用于演出舞台的照明设备安置，成为上海演艺新空间，是一处欣赏室内古典音乐会的小剧场。

教会公寓 南苏州路 79 号 建于 1899 年，原为新天安堂的神职人员的宿舍，毕士来洋行设计，新古典主义建筑风格，其南立面的钢结构外楼梯设计非常精致典雅。现为美容馆的场所。

划船俱乐部 南苏州路 76 号 建于 1905 年，曾经的红砖楼由 11 个房间组成，屋面上的烟囱和袖珍的塔顶采用了维多利亚建筑风格。划船比赛在当时的上海属于高级体育运动，上海是我国最早开展水上运动的城市，这里也培养了我国第一代水上运动员。1953 年，划船俱乐部的健身房变成了黄浦游泳馆，之后又处于废弃状态。该建筑初建时有东翼（原为船库）和西翼（健身房、游泳池）附属建筑，现在只剩建筑中部的 2 层红砖建筑。原西翼的游泳池现在只剩一个泳池的轮廓，健身房也只剩下一扇红砖砌筑的入口门洞。2021 年 10 月，苏州河上的划船运动在停止了几十年后再次恢复。

划船俱乐部 南苏州路76号 照片左侧为当年的游泳池入口的遗址

划船俱乐部的木制楼梯

真光大楼 圆明园路209号 竣工于1932年，由著名建筑设计师邬达克设计，其惯用的深褐色贴面砖外墙在此又一次得到人们的赞叹。这座竖线条立面的建筑在顶部有独特的建筑造型，壁柱的尖角含有哥特式文艺复兴建筑风格，层层的退台为装饰艺术派手法，4个尖券窗呈现着哥特教堂的宗教色彩。该建筑与背后虎丘路上的广学会大楼互为一个整体。邬达克在上海留下许多设计建筑，他的邬达克打样行曾经在此楼的顶层801室。这座立面带着尖角的宗教大楼初始为浸信会总机关办公大楼，内设中华浸信会书局。因浸信会出版有知名刊物《真光》而被取名为真光大楼。1956年12月，中华浸信会书局和广学会等联合组成中国基督教联合书局。

真光大楼 圆明园路209号

在教会公寓的顶楼看真光大楼

兰心大楼 圆明园路 185 号

兰心大楼 圆明园路 185 号 竣工于 1932 年，通和洋行设计，高 7 层，钢筋混凝土结构，褐色面砖的外立面，装饰简洁，齿状隅石，顶部有出挑的阳台，原国民政府外交部驻沪办事处曾设于此。兰心大楼所在地为第一代兰心戏院的旧址，当时一些英国侨民自发组织了“好汉”剧社和“浪子”剧社。1866 年，两个剧社合并成立了“上海西人爱美剧社”，并在今天的兰心大楼建立了一座木结构的剧场，取名“Lyceum Theatre”，即为第一代兰心戏院，1871 年 3 月毁于一场大火。第二代兰心戏院于 1874 年建造在第一代兰心戏院的背后，位于如今的虎丘路广学大楼的位置。第三代的兰心位于茂名南路，取名兰心大戏院。兰心大楼现为商务楼。

协进大楼 圆明园路 169 号 落成于 1925 年，高 6 层，钢筋混凝土结构，会差建筑绘图事务所设计建造，折衷主义建筑风格，初始被称为教会大厦，其第 3 层为协进会使用，后被称为基督教协进会大楼。当初建造协进大楼时有前后两座大楼，今日我们所见为前楼，后楼（7 层）被拆毁。这座大楼的建造费用来自美国长老会都嘉博士兄妹和洛克菲勒基金委员会。协进会于 1941 年 12 月太平洋战争爆发后迁往四川成都。协进大楼的主要看点为底层大厅内时代特征明显的楼梯间。

协进大楼的入口 圆明园路 169 号

哈密大楼 圆明园路 149 号

哈密大楼（Somekh Mansion） 圆明园路 149 号 落成于 1927 年，高 7 层，后加建 2 层，新古典折衷主义建筑风格，新马海洋行设计，底层为花岗岩基座，整体外立面丰富，内部装饰精致，又名沙弥大楼。最早作为汇丰银行的外籍职员公寓，此后，国民政府中央通讯社上海分社、瑞和洋行、沙咪洋行先后进驻。1946 年，文汇报社进驻哈密大楼，后被称为文汇报大楼。1949 年之后，文汇报大楼又进驻了新华通讯社华东总分社、新华通讯社上海分社。1990 年，文汇报社迁到其背后的虎丘路文汇大厦（虎丘路 50 号，1990 年竣工，2006 年拆除）。哈密大楼现为珠宝艺术中心“Cindy Chao Maso · 心邸”。

女青年会大楼 圆明园路 133 号 竣工于 1932 年，著名建筑设计师李锦沛设计，高 7 层，局部 9 层，外立面带着丰富的中国风图案，入口更是中国建筑的砖瓦式样，门头上方檐部的石雕和花纹充满中国式母题，整体雄浑稳重。1917 年，宋美龄结束了美国的学业回到上海，不久后就加入了上海基督教女青年会。在女青年会里，她的主要任务就是教导中国女青年注重培养现代化的生活方式，鼓励大家摒弃过去的陈规陋习。1936 年 3 月 9 日，电影大师卓别林在此与京剧大师梅兰芳、演员胡蝶等人相聚。4 楼曾经是万国艺术剧院。

女青年会大楼 圆明园路 133 号

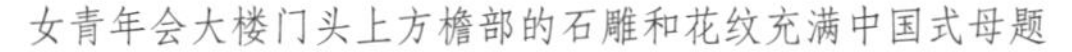

女青年会大楼门头上方檐部的石雕和花纹充满中国式母题

圆明园公寓 圆明园路 115 号 建于 1904 年，是上海最早的英式公寓，堪称红砖建筑的杰作，为英国安妮女王复兴建筑风格。在沿街的两个转角，建筑师作了切角处理，底层做了一个由爱奥尼克柱支撑的半圆门廊，门廊之上则是半圆的阳台。这座精美的建筑由加拿大人爱尔德设计，其在上海的作品有麦根路别墅（康定东路 85 号，张爱玲出生地）、凡尔登花园、圣约翰大学思孟堂等。

圆明园公寓 圆明园路 115 号

圆明园公寓的入口

圆明园公寓入口的楼梯

安培洋行大楼 圆明园路 97 号 建于 1907 年，4 层砖木混合结构，清水红砖，装饰精美，主立面中轴的弧形半窗和有两个箍柱的窗框是建筑的视觉焦点，其底层的中央木制主楼梯极具观赏效果。画家陈燮君（原上海博物馆馆长）出生于 1952 年，自出生后曾经居住于此 50 多年。2014 年，佳士得拍卖行入驻安培洋行。

安培洋行大楼 圆明园路 97 号

安培洋行大楼的玲珑半圆窗

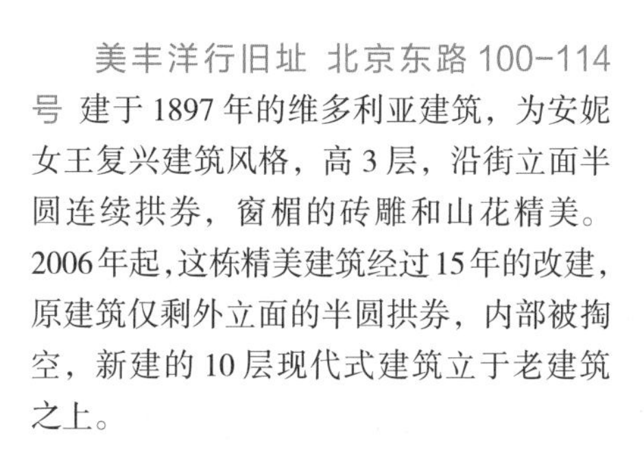

美丰洋行旧址 北京东路 100-114 号 建于 1897 年的维多利亚建筑，为安妮女王复兴建筑风格，高 3 层，沿街立面半圆连续拱券，窗楣的砖雕和山花精美。2006年起，这栋精美建筑经过15年的改建，原建筑仅剩外立面的半圆拱券，内部被掏空，新建的 10 层现代式建筑立于老建筑之上。

益丰洋行大楼 北京东路 99 号 这座建于 1911 年的 4 层红色砖墙大楼位于圆明园路与北京东路交界处，它有一条 123

美丰洋行旧址和现代式建筑嫁接的新楼
北京东路 100-114 号

益丰洋行大楼 北京东路 99 号

益丰洋行大楼长长的北立面

益丰洋行大楼底层的楼梯

米长的沿街立面，丰富的立面和砖饰，孟莎式折坡瓦屋面，顶部的三角形山墙，都会令人怀想 100 年前建筑的流行。顺着墙走一走，大楼气派和舒展的外观令时间似乎凝固了。这座外廊式建筑有着安妮女王复兴建筑风格，初名为怡和洋行新楼，后改名为益丰洋行，作为其办公室和宿舍使用。这里曾经在 1920 年代和 1930 年代汇聚了几乎所有的外国银行。现为商场和办公两用的大楼。

华美大楼 圆明园路 55 号 建于 1926 年，高 5 层，钢筋混凝土结构，为转角建筑，曾是希腊驻沪总领事馆。2017 年入驻全球中央对手方协会（CCP12）。全球中央对手方协会是由从事中央对手清算业务的清算机构、金融市场基础设施和其他国际机构自愿结成的全球性、非营利民间组织。

慎昌洋行大楼 圆明园路 43 号 建于 1916 年，为青砖红瓦维多利亚建筑，属安妮女王复兴建筑风格，现在我们能看见的这座大楼已经有过较大的改建。慎昌洋行（Andersen Meyer & Co.）创建于 1906 年，其创办人为美籍丹麦工程师伟贺慕 · 马易尔（Vihelm Meyer）和安德生。慎昌洋行代理销售电器元件及纺织机器，同时也销售建筑用的钢窗和瓦块。另外，当时上海的照明设备大部分都是由慎昌洋行进口并销售。1920 年代，慎昌洋行在杨树浦路开设了机

华美大楼 圆明园路 55 号

慎昌洋行大楼 圆明园路 43 号

器制造工厂和码头堆栈。1949 年后，机器制造工厂演变为上海锅炉厂和电站辅机厂。

仁记洋行大楼 滇池路 100 号 竣工于 1908 年，通和洋行设计，属安妮女王复兴建筑风格，转角处的塔楼在后来的改建中被拆除了尖顶，仅剩塔座。这座红砖建筑曾经属于老牌的英商仁记洋行（Gibb Livingston & Co.）。仁记洋行于 1843 年创建于上海，为当年第一任英国驻上海领事巴富尔抵沪后首批进驻的外资企业之一。仁记洋行靠军火交易和鸦片买卖发家，后逐渐将经营范围扩展至生丝、茶叶、纸张、木材、五金、船舶运输等进出口业务。现在的滇池路外滩的中国银行原为仁记洋行的旧址，滇池路的前身为以仁记洋行命名的仁记路，1943 年更名为滇池路。

仁记洋行大楼 滇池路 100 号

仁记洋行大楼的入口

中孚银行大楼 滇池路 103 号 建于 1922 年，主入口的 8 根爱奥尼克立柱气势不凡。中孚银行由孙多森（李鸿章外孙）、孙多钰（李鸿章的外孙女婿）等人创办于1916年。1938年9月，复旦大学曾经借用中孚银行大楼的3楼作为临时校址。1949年后曾经为上海第二电表厂使用。现为建设银行使用。

中孚银行大楼 滇池路103号

天祥大楼（The Tamwa Building） 四川中路420-440号 建于1906年，爱尔德洋行设计，为安妮女王复兴建筑风格，砖木结构，平面呈回字形，中央有狭长的天井，四面双坡屋顶，清水红砖外墙，券窗、壁柱和山花非常精致。1928年，这里一度是以蜀通公司为掩护的中共江苏省委交通处总处。1930年代，这里进驻有上海商业储蓄银行、中国旅行社、福勒洋酒行、大发皮货局等多家公司和门店。1950年代之后，大楼的2楼以上逐步成为民居。1958年起，上海纸品二厂的车间和门市部设在楼内，到1990年代之后，上海纸品二厂经营逐渐陷入困境，遂将底层改为商铺。

天祥大楼 四川中路420-440号

业广地产公司大楼 滇池路 120 号

业广地产公司大楼 滇池路 120 号 建于 1908 年的红砖建筑，通和洋行设计，砖木结构，英国安妮女王复兴建筑风格，曾经是著名的英商业广地产公司的办公大楼。业广地产公司创办于 1888 年，为上海滩首家公开募股的股份制地产公司，其资本运作能力令人叹为观止。业广地产公司通过地产出租、买卖和抵押放贷，赚取丰厚利润，综合实力长期位于业内前列。后来，业广地产公司以出租房屋为主体经营，鼎盛时期公司出租的房屋就有 3000 多家。外白渡桥桥堍的百老汇大厦就是业广地产公司投资建造的。1934 年 8 月，业广地产公司大楼成为希腊总领事馆馆址，第二次世界大战时期关闭。现为民居。

利康大楼（北京公寓） 北京东路 135-163 号 建于 1920 年代初期，英国安妮女王复兴建筑风格，平面形似 V 字，北立面横五段纵三段构图，2 楼有围合的铸铁栏杆，底层入口有爱奥尼克柱和山花装饰，整个立面砖饰丰富，开窗形式多样。2 楼居住过童年时期的绘画大师陈逸飞。

利康大楼 北京东路 135-163 号

利康大楼形式多样的开窗

中实大楼 虎丘路 14 号 建于 1929 年，通和洋行设计，高 6 层，钢筋混凝土框架结构，为新古典主义和折衷主义相结合的建筑风格，初始是中国

图左为中实大楼 虎丘路14号 图右为美丰洋行大楼改建后的红楼

中实大楼西北转角的细部装饰

实业银行总部，其内部的金库保存完好。中国实业银行1919年由北洋政府财政部筹办并正式成立，主要发起人为前中国银行总裁李士伟，前财政总长周学熙，前国务总理熊希龄、钱能训等人。2021年，中实大楼被全新打造为保险科技概念的众安超级展厅。

亚洲文会大楼 虎丘路20号 1858年英国皇家学会亚洲文会北中国支会在此成立。1874年3月24日亚洲文会博物馆（亦称上海博物院）开办，成为中国最早的博物馆之一。1886年，亚洲文会门前的圆明园路改为博物院路。1928年亚洲文会拆除老楼，由英国建筑师乔治·威尔逊（George Wilson）设计新的5层大楼（局部6层），于1933年2月落成，钢筋混凝土结构，装饰艺术派建筑风格。亚洲文会大楼入口3个连续的拱券门，充满复古的意味，两侧一对八卦铸铁窗尽显中国建筑的文化意蕴，楼顶刻有亚洲文会的首字母缩写“RAS”，2层外挑阳台的石柱上

亚洲文会大楼 虎丘路20号

采用中国传统图案云纹和石狮。亚洲文会新楼落成后，2 层设计为报告厅、生物标本陈列室和古董陈列室等，3 层为图书馆。1952 年，亚洲文会解散，大楼被上海市政府接管，成为上海图书馆的书库。曾经积累多年的生物标本、历史文物、艺术藏品分别构成了如今的上海自然博物馆、上海博物馆、上海图书馆的典藏基础。现为外滩美术馆。

亚洲文会大楼的楼梯

亚洲文会大楼 5 层的展览大厅

琥珀大楼 虎丘路 27 号

琥珀大楼 虎丘路 27 号 建于 1937 年，原是中央银行的仓库，后为上海机床模型厂使用。这些年，经过全面改造后，先后有贝浩登、里森画廊、阿尔敏·莱希三家国际画廊入驻，实现了对空间的重新定义，完成了从仓库到艺术空间的转变。

永兴大楼 虎丘路 95 号 建于 1941 年，为砖木结构，高 3 层，后加建 1 层，主立面为红砖外墙，白线勾缝，其他立面均为青砖外墙，大斜坡四面屋顶，

永兴大楼 虎丘路 95 号

永兴大楼俯瞰

由法商永兴洋行（Olivier-Chine. S. A.）投资兴建。永兴洋行创办于 1847 年的巴黎，1869 年来华经营，先后于上海、宁波、汉口、天津等地设分号，以经营进出口贸易业务为主。电影明星胡蝶的丈夫潘有声曾经是永兴洋行的职员。1960 年，永兴洋行将大楼转给上海市政府。后为四川中路小学使用，现为同济黄浦设计创意中学的所在地。

兴华大楼 虎丘路 107 号 建于 1941 年，高 3 层，砖木结构，转角建筑，两翼的底层为连续半圆拱外廊，占地 738 平方米，建筑面积 2225 平方米，为法商永兴洋行投资建造，后为兴华实业公司使用。1960 年，永兴洋行将大楼转给上海市政府。后为上海黄浦区人民检察院信访室、爱建纺织品公司等单位使用，现为艺术画廊。

兴华大楼 虎丘路 107 号

广学会大楼 虎丘路 128 号 竣工于 1932 年，由一家叫“广学会”的西方传教士创办的出版机构兴建，洽兴建筑公司承建，邬达克设计，高 9 层，立面略呈哥特复兴建筑风格。它与背后的真光大楼为联体姐妹楼。当时的海关署长赫德曾经是广学会的主席。广学会曾经出版的书籍和刊物多达几千种。7 楼设有上海福音广播电台，每周日上午转播圣三一堂的英语礼拜，另有国语讲道、粤语礼拜等广播。广学会大楼在新中国成立后为上海市文化

广学会大楼 虎丘路 128 号

体育用品进出口公司使用。在广学会大楼和亚洲文会大楼之间曾经有一座哈同于 1927 年投资建造的阿哈龙犹太会堂。新中国成立后成为文汇报的印刷厂。1985 年，阿哈龙犹太会堂被拆除。1986 年文汇大厦开始兴建，为一座 24 层的办公楼。2006 年，文汇大厦又被拆除。2021 年底，新的大楼露出了新姿。

虎丘公寓 虎丘路 131 号 由中华基督教青年会全国协会集资建造，于 1920 年竣工，钢筋混凝土结构，新古典主义建筑风格，现代合院式 6 层公寓，美国芝加哥的一家建筑师事务所柯士工程司（Shattuck & Hussey, Architects Chicago）设计。1924 年扩充改建，占地面积 1031 平方米，1 层和 2 层原为教会办公楼，3 层以上为教友居住。进入可看磨石子踏步楼梯、花式地坪和两座老式电梯。现为民居。

光陆大楼 虎丘路 146 号 竣工于 1928 年，由英商斯文洋行出资，匈牙利建筑师鸿达设计，装饰艺术派建筑风格，高 9 层，钢筋混凝土结构，顶部的塔楼很有装饰艺术的时代特征，转角处的底层曾开设一家大戏院，取名光陆，以播放西式电影和上演西方歌舞剧为主。这是上海第一座将戏院设置于

虎丘公寓 虎丘路 131 号

光陆大楼 虎丘路 146 号

大楼内的建筑。1928 年 2 月 25 日，光陆大戏院开业上映的第一部电影为欧洲电影《采蝶浪花》。1929 年 6 月，美国派拉蒙电影公司把这里设为沪上首轮影院。1933 年，光陆大戏院被兰心大戏院收购。1945 年，驻沪美军俱乐部设置于此。1953 年被上海市政府接管后更名为曙光剧场。目前，光陆大楼正在改建中。

颐中大楼 南苏州路 175 号 建于 1920 年，钢筋混凝土结构，新古典主义建筑风格，由英美颐中烟草公司投资建造，原为 4 层建筑，后加建 1 层。颐中烟草公司成立于 1902 年，为 20 世纪初烟草垄断企业，总部设在英国伦敦，拥有“三五”“希尔顿”“健牌”等香烟品牌。颐中烟草公司原名为英美烟草公司，1934 年更名为颐中烟草公司。1958 年，上海照相机厂成立，此楼和隔壁的原英商上海电车公司大楼均为上海照相机厂使用。上海照相机厂在当年生产的海鸥牌 DF 单反相机非常出名。1970 年代末，上海照相机厂迁往上海松江，这里一度成为外省驻沪办事处。

颐中大楼 南苏州路 175 号

英商上海电车公司大楼（互惠大楼） 南苏州路 185 号 1917 年竣工，新古典主义建筑风格，钢筋混凝土结构，矩形的平面，平屋顶，北立面纵横三段式构图，外立面因改建变化较大。1930 年代，北苏州路和大名路转角

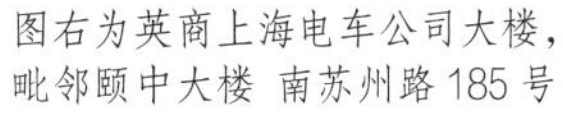

图右为英商上海电车公司大楼，毗邻颐中大楼 南苏州路 185 号

中圣大楼 香港路 58 号

处建造百老汇大厦，原来在转角的英商上海电车公司被拆除，英商上海电车公司便迁入南苏州路 185 号。英商上海电车公司大楼与隔壁的颐中大楼相隔 4 米，此楼在上海照相机厂使用期间在 3 楼增设了互通的连桥。和颐中大楼一样，后为外省驻沪办事处。

中圣大楼 香港路58号 建于1936年，共2栋楼，前楼为4层，后楼为5层，为钢筋混凝土结构的现代派建筑，占地面积 545 平方米，建筑面积 1060 平方米，初始为中华圣经会的会址。中华圣经会于 1876 年由美国圣经会传入上海并成立了美国圣经会中华分会，为基督教新教在中国翻译、发行和出版汉语《圣经》的机构。1950 年代之后，中圣大楼先后被上海纺织物资供应公司和中国石油股份有限公司使用。

上海银行公会大楼 香港路 59 号 竣工于 1925 年，由东南建筑公司过养默和吕彦直设计，门廊为 4 根带凹槽的科林斯巨柱式列柱柱廊，柱高 2 层，非常壮观，第 3 层退为平台，高 6 层，局部 7 层，钢筋混凝土结构，古典主义建筑风格。由信成、中国通商、四明、浙江兴业等银行于 1918 年发起的金融团体上海银行公会曾经在此设立。内

上海银行公会大楼 香港路 59 号

上海银行公会大楼入口的科林斯巨柱式列柱柱廊

在亚洲文会大楼6层的阳台上俯瞰上海银行公会大楼和永兴大楼

部的中央大厅为银行公会票据交换处，楼上为《银行周报》发行部和银行公会俱乐部等单位。民国时期，这里可算得上中国金融业领袖叱咤风云之地。1952年上海银行公会并入中国银行。

大丰大楼 香港路60号 建于1926年，高5层，钢筋混凝土结构，新古典主义建筑风格，占地面积696平方米，建筑面积2580平方米，因大丰保险公司设立于此而得名。由于多次的改建，该建筑的外立面已经发生很大的变化。现为中国石油公司上海分公司所在地。

公和洋行大楼 香港路72号 约建于1920年，高4层，新古典主义建筑风格，初始为公和洋行办公楼，当年也有出租给其他洋行办公用。公和洋行在香港的中文名称又称巴马丹拿集团，是一个在远东地区历史悠久的英资建筑与工程事务所。公和洋行于1911年在上海设立建筑设计事务所成为其分支机构。1920至1930年代，公和洋行在上海的建筑精品比比皆是，其主要作品有：汇丰银行上海分行大楼、沙逊大厦、永安公司等。现为华德大楼。

大丰大楼 香港路60号

图左为公和洋行大楼 香港路 72 号 图右为海青大楼 四川中路 630-640 号

海青大楼（美国陆海军青年会） 四川中路 630-640 号 建于 1923 年，新古典主义建筑风格，平面呈 U 形布局，高 6 层，钢筋混凝土结构，转角建筑，顶层檐口有饰条装饰，设计师是亚洲机器公司顾问工程师阿尔特（H.L. Alt），初始为基督教青年会，后为美国陆海军青年会使用。现为旅馆。

新礼和洋行大楼 四川北路 670 号

新礼和洋行大楼 四川北路 670 号 德商老礼和洋行（参阅第 5 站江西中路），在第一次世界大战时被作为敌产没收。1919 年，礼和洋行重回上海在此建楼。位于四川路桥东南堍的新礼和洋行大楼在 1949 年上海解放时，是解放军的战斗阵地，他们与隔河相望的邮政总局大楼上的国民党军队展开了激烈的战斗。

中华基督教男青年会学校（浦光大楼） 四川中路 595-607 号 建于 1914 年，为 3 层砖木结构的红砖大楼，主入口被重点设计为爱奥尼克立柱和三角断花的形式，新古典主义建筑风格。中华基督教男青年会学校设在 3 层，2 层为青年会活动场所。出版家及著名编辑邹韬奋曾经是这里的英文教师。

中华基督教男青年会学校四川中路 595-607 号

广协书局大楼（Kwang Hsueh Publishing House） 四川中路 528 号 北京东路 140-156 号 建于 1920 年代初期，为一座灰白色 4 层混砖结构的建筑，占地面积 820 平方米，初为中国信托公司，1925 年广协书局迁入。广协书局成立于 1918 年，主要以出售宗教书籍为主，另外也兼售医药书籍，自 1924 至 1949 年出版医学译书 45 种之多。1956 年公私合营之后，广协书局并入上海科技出版社。

广协书局大楼 四川中路 528 号

图右下为广协书局大楼的屋顶

第3站

南京东路

1
2
3
4
5
6
7
8
9

南京东路街景

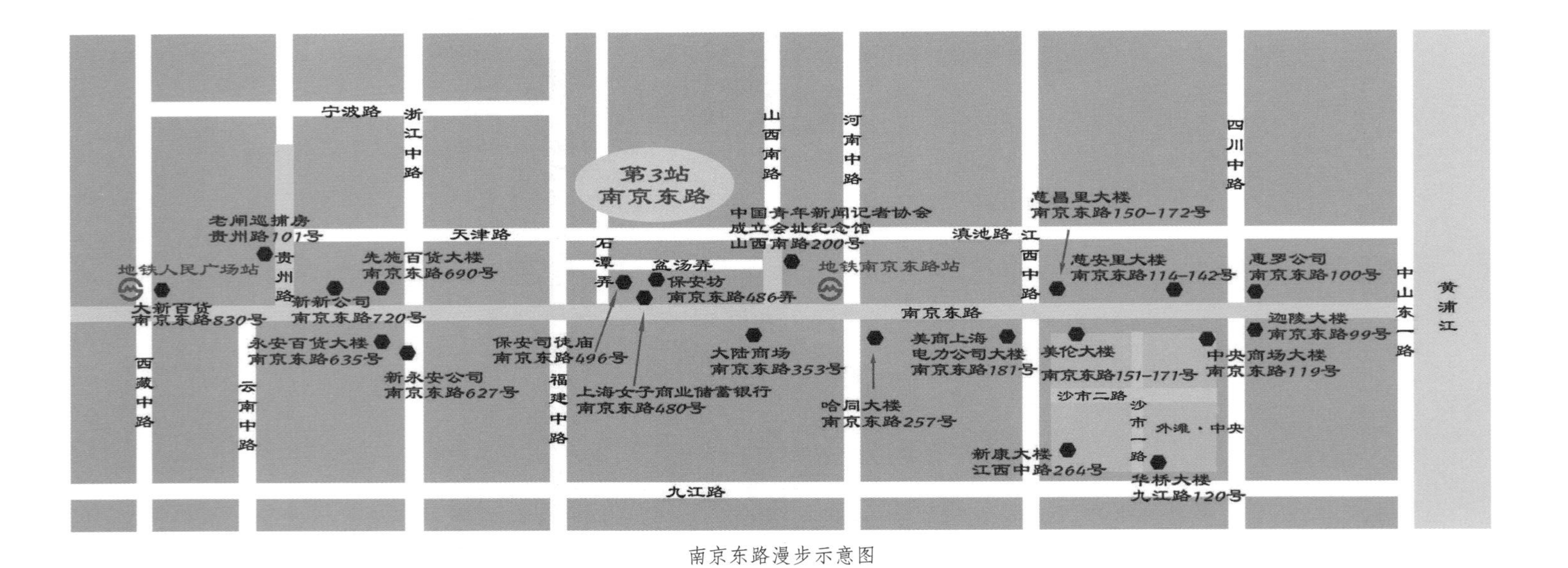

第3站
南京东路
宁波路
浙江中路
天津路
山西南路
河南中路
四川中路
滇池路
江西中路
中山东一路
黄浦江
南京东路
九江路
西藏中路
云南中路
福建中路
贵州路
石潭弄
盆汤弄
沙市二路
沙市一路
外滩·中央
老闸巡捕房
贵州路101号
地铁人民广场站
大新百货
南京东路830号
新新公司
南京东路720号
先施百货大楼
南京东路690号
永安百货大楼
南京东路635号
新永安公司
南京东路627号
保安司徒庙
南京东路496号
保安坊
南京东路486弄
上海女子商业储蓄银行
南京东路480号
中国青年新闻记者协会
成立会址纪念馆
山西南路200号
地铁南京东路站
大陆商场
南京东路353号
哈同大楼
南京东路257号
美商上海
电力公司大楼
南京东路181号
慈昌里大楼
南京东路150-172号
慈安里大楼
南京东路114-142号
美伦大楼
南京东路151-171号
新康大楼
江西中路264号
华侨大楼
九江路120号
中央商场大楼
南京东路119号
惠罗公司
南京东路100号
迦陵大楼
南京东路99号

南京东路漫步示意图

南京东路东起外滩的中山东一路，西至西藏中路，全长 1599 米。这条 1851 年修筑的马路，当时只是外滩到河南中路的一条不足 500 米长的小路，被称为派克弄（Park Lane）。1862 年，派克弄已经修筑到了泥城浜（今西藏中路）。1865 年被定名为南京路，1945 年更名为南京东路。

南京东路在河南中路以西曾经是1848年始建的上海第一家跑马厅遗址，派克弄便是外滩通往跑马厅的马路。这家跑马厅于 1851 将土地转让，随后，新的跑马厅开始了计划。该计划是将第一个跑马厅往西拓展至泥城浜。1854 年第二跑马厅竣工，它的范围涵盖今日的湖北路、北海路、西藏中路、浙江中路、六合路和芝罘路。1860 至 1862 年，第二个跑马厅再次被转让并由跑马总会在泥城浜以西再建一个跑马厅，这就是我们今日所见的人民广场和人民公园地块。

19 世纪下半叶，在南京路上引领商业潮流的是福利、汇司、泰兴、惠罗四大百货公司。1917 年之后，先施、永安、新新、大新百货公司在南京路的西端崛起，形成新的四大百货公司。1920 年代初，沪上著名犹太商人哈同斥资 60 万两白银购进大量进口铁藜木重新铺筑了南京路。南京路因此而被改善了环境状况和提升了商业价值。

南京东路历经一百多年的历史变迁，1998 年 8 月，上海市政府决定将南京东路辟为步行街，邀请法国夏氏建筑事务所的著名设计师夏邦杰（Jean Marie Charpentier）担任顾问，研究如何保存南京路的“旧租界风貌”。如今的南京东路是商业、怀旧和高雅并存的步行街。

迦陵大楼 南京东路 99 号 前身为英国人开设的小型百货公司，名为福利公司。福利公司是上海百货的鼻祖，1854 年就在此经营百货，1904 年，一场大火烧毁了建筑。1930 年，犹太裔房地产大亨哈同（Silas Aaron Hardoon）买下了福利公司的地皮并兴建迦陵大楼。迦陵大楼 1937 年竣工，因哈同遗孀罗迦陵而得名。迦陵大楼是一座很稳重的 6 层建筑，钢筋混凝土结构，德和洋行设计，陶桂记营造厂承建，为当时南京路上为数不多的现代风格的建筑，南部高 14 层，北部高 8 层。1886 年，哈同娶罗迦陵为妻。哈同在 1931 年病逝时拥有的房产面积有几百亩，且都是南京路等黄金地段的地产。1941 年 10 月，罗迦陵

迦陵大楼 南京东路 99 号

病逝于上海的哈同花园（今南京西路上海展览中心）家中。如今的迦陵大楼为中国工商银行大楼，其隔壁的南京东路61号为1895年创办的四大百货公司之一的泰兴公司遗址。

惠罗公司 南京东路100号

惠罗公司 南京东路100号 为英国人于1882年在印度加尔各答创建的百货公司。1904年，惠罗公司在上海开设分店并建造了一座百货大楼。惠罗百货公司竣工于1907年。这是上海第一家环球百货世界连锁公司，总部设在英国伦敦。之后，南京路的百货业开始兴旺，竞争激烈。1930年，建筑设计师鸿达为惠罗公司重新设计改造了这栋楼，即为我们今日所见。现为惠罗百货公司。

慈安里大楼 南京东路114-142号 竣工于1906年，英籍建筑师爱尔德（Albert Edmund Alagr 1873—1926）设计，外墙采用灰砖，英国安妮女王复兴建筑风格。1904年遭遇火灾的第一代福利公司迁往此处继续经营百货，成为第二代福利公司的大楼。后来，哈同买下了福利大楼改名慈安里。1930年代初期，福利公司在今南京西路190号再建新楼，即今天的大光明电影院隔壁的工艺美术品商店。福利公司于1954年关闭。1930年，慈安里大楼在屋顶安置了巴洛克风格的天窗。

慈安里大楼 南京东路114-142号

慈昌里大楼 南京东路 150-172 号 江西中路 298-314 号 建于 1904 年，为哈同的产业，初始为 2 层的街面建筑，沿街的底层设商铺，为南京路上较早开设的商业地段。1922 年之后，哈同将慈昌里大楼加层改建，即为我们今日所见的两翼沿南京东路和江西中路伸展的 3 层和 4 层建筑。在 1930 年之前，美国人摩脱门（F. D. Mortimer）和墨戤尔（M. Magicc）在南京东路沿街开设了中美图书公司，其位置为今日的南京东路 160 号。1941 年 12 月，日军进入英租界接管了中美图书公司，日本人将摩脱门和墨戤尔关进了集中营。1942 年，鲁迅的挚友日本人内山完造奉命接管中美图书公司，成为内山书店的南京路分店。1945 年抗日战争结束后，摩脱门和墨戤尔得以幸存，他们从集中营出来后重新经营中美图书公司。1948 年，东亚书局购入中美图书公司的全部资产。1956 年公私合营后，中美图书公司并入新华书店并迁出，接任者为连宏生创办于 1910 年的连长记运动器具号。1967 年，连长记运动器具号改名为上海体育用品商店。1988 年，上海体育用品商店改为上海体育用品总店。

慈昌里大楼 南京东路 150-172 号

中央商场大楼 南京东路 119 号 建于 1919 年，公和洋行设计，高 6 层，新古典主义建筑风格，初名艾兹拉大楼，里面曾经有两家在上海非常著名的西式餐厅，一家为德大西餐社，另一家为吉美餐厅。新康洋行投资建造。当时新康洋行的老板为英籍犹太人爱德华 · 艾兹拉（Edward Ezra）。这位多次连任工部局董事的富商，其私宅位于淮海中路 1209 号。1941 年底，日军进入租界后，大批摊贩在这里设摊。1945 年抗战胜利后，这里成为美军军需品的抛售地。1950 年，上海市政府组织小摊贩成立合作社，正式取名为中央商场，形成零售和修配两大体系。1950 年后，中央商场往江西中路和九江路延伸，逐步成为扩大版的中央商场。2006 年，中央商场停业并进行商业改造。我们现在所见的玻璃天篷为 2021 年竣工的“外滩 · 中央”项目竣工的标志。由南京东路、四川中路、九江路、江西中路围合的边长 100 米的方块地被沙市一路（原中央路）和沙市二路（原新康路）以十字划分为 4 块方形地块，每块各一座豪华公寓式办公楼，它们各占一个转角。

中央商场大楼 南京东路 119 号

中央商场大楼内的回廊

中央广场内庭的玻璃穹顶下是 4 栋历史保护建筑

华侨大楼 九江路120号

华侨大楼 九江路120号 沙市一路24号 建于1929年，竣工于1930年，高10层，钢筋混凝土结构，现代派高楼，5层以上逐层退台形成梯状，英商业广地产公司投资建造，英商新瑞和洋行设计，占地面积775平方米，建筑面积6411平方米，因将底层出租给华侨银行而得名华侨大楼。华侨银行的历史可追溯至1912年在新加坡创立的华商银行。华商银行于1925年开始在中国开展银行业务，1927年在上海设立分行，1930年华商银行在九江路120号开办营业。1932年，华商银行（1912年）、和丰银行（1917年）和华侨银行（1919年）合并成立了华侨银行。华侨大楼于1949年后被解放军军管会接管，1955年交由政府房管部门管理，但底层始终为华侨银行租用。1956年公私合营后，华侨银行成为可以继续留在上海的四家外资银行之一，另三家外资银行为汇丰银行、麦加利银行和东亚银行。2013年，华侨银行迁址浦东。这栋大楼见证了华侨银行在中国长期经营的历史进程。

新康大楼 江西中路264号

新康大楼 江西中路264号 九江路150号 竣工于1921年，初建时高6层，现为8层，新古典主义建筑风格，钢筋混凝土结构，马海洋行设计，投资商为新康洋行，初始为艾兹拉家族的私宅和办公楼。它的北侧与美伦大楼南立面隔街相望。这2栋建筑同时开工于1916年。1937年8月13日，日本人侵占上海，艾兹拉家族的新康洋行变卖不动产，将新康大楼出售给昌业地产公司。上海解放后为黄浦区中心医院、钢材交易市场等单位使用。如今的新康大楼在2020年左右被改建，仅保留了建筑沿街的立面样式，其内部已为全新的设计。

美伦大楼 南京东路151-171号 其前身为英国自来火房（Shanghai Gas Co.）销售煤气器具商品的陈列室，约1916年被新康洋行买下并开始兴建大楼。美伦大楼竣工于1921年，马海洋行设计，投资商为新康洋行，高5层，

美伦大楼 南京东路 151–171 号 图的左侧为美伦大楼的东楼（原中央商场大楼的西楼）

新古典主义建筑风格。初名艾兹拉大楼。负责建造艾兹拉大楼的是当时新康洋行的老板英籍犹太人爱德华·艾兹拉（Edward Ezra）。1937 年 8 月 13 日，日本人侵占上海，艾兹拉家族的新康洋行变卖不动产，将艾兹拉大楼出售给昌业地产公司，艾兹拉大楼被更名为美伦大楼。美伦大楼北立面和南立面贯通第 4 至第 5 层的爱奥尼克立柱的内凹阳台为立面增色不少。曾经的马尔斯咖啡馆（后为东海咖啡馆）位于东楼的底层商铺，美伦大楼东楼的 2 层曾经是著名犹太摄影师沈石蒂开设的上海美术照相馆，在 1930 至 1950 年期间为人们留下无数的精美肖像。美伦大楼的东楼原为中央商场大楼的西楼，它们之间隔着沙市一路。如今的美伦大楼东楼的底层是潮流运动商店。美伦大楼的西楼位于南京东路和江西中路（江西中路 278 号）的转角处，其第 4 层为爵士风格的餐厅和著名的美国林肯爵士乐中心（现地址为南京东路 139 号）。

美商上海电力公司大楼 南京东路 181 号 竣工于 1929 年，高 6 层，装饰艺术派建筑风格，哈沙德洋行设计，占地面积 965 平方米，建筑面积 6440 平方米。哈沙德洋行是一家在当时颇有影响力的建筑设计事务所，由美国人哈沙德（Elliott Hazzard）和菲利普斯（E. S. J. Phillips）在上海合

美商上海电力公司大楼 南京东路 181 号

伙创立。电力公司大楼的前身为曾经的上海英资四大百货公司之一汇司公司（Weeks & Co.）。汇司公司由英国侨民约克（George York）1875年创立于宁波路、江西中路口，1903年迁址南京东路181号。现为华东电管局大楼。

哈同大楼 南京东路257号 1935年建造的哈同大楼，由德利洋行设计，哈同洋行投资兴建，为当时流行的现代风格办公楼，高6层，钢筋混凝土结构，陈永兴营造厂承建。初始有创办于1860年的老介福绸缎商店和德国西门子上海办事处进驻。后来，这个老介福店成为南京路的标志性商店，老介福也成为上海人心目中经营绸缎面料及定制旗袍的老字号品牌。老介福开创于1860年，原址设在九江路河南路口，由福建籍祝氏两兄弟合资开办，专门经营高档绸缎。哈同大楼于1956年更名为南京大楼，2009年再次更名为外滩名店。哈同大楼经过历年的翻建改变较大，现为“华为”旗舰店。

哈同大楼 南京东路257号

大陆商场大楼 南京东路353号 1933年竣工，由中国设计师庄俊设计，装饰艺术派建筑风格。这个由大陆银行投资的国货商场矗立在南京路的中段，其恢弘的气势和现代的造型显示了大陆银行的雄心。大陆商场占地面积6000余平方米，建筑面积32000余平方米，沿南京东路为6层，沿山东中路为9层（含塔楼），1至3层为百货商场，4层为娱乐休闲用，5至6层为写字楼，屋顶有花园。遗憾的是，大陆商场并没有给大陆银行带来好的投资回报。当年，大陆银行在哈同手里租下了这块地皮的32年使用权，等租期期满后归还哈同。但是，时运不济，一方面经营不善，另一方面受战争的影响，1938年，大陆银行将大楼整体转让给了哈同家族。哈同的

大陆商场大楼 南京东路353号

大陆商场大楼的东南转角

妻子罗迦陵将大楼改名慈淑大楼。值得一提的是，1930 年代，大陆商场是上海建筑行业从业人员的重要聚集地。中国建筑师协会、公记营造厂、中国联合工程公司等在大陆商场进驻，之江大学建筑系也曾在此开课。1949 年后，大陆商场改名东海大楼，底层为当年上海最大的新华书店。1990 年代末期，大楼被整体改造，成为多功能的大型商场。

中国青年新闻记者协会成立会址纪念馆（南京饭店） 山西南路 200 号 建于 1929 年，1930 年初开业，中国建筑师杨锡镠设计，为上海较早的装饰艺术风格的建筑，高 9 层，钢筋混凝土结构，4 层以上每间客房都有出挑阳台，新金记祥号营造厂承建，占地面积 720 平方米，建筑面积 6484 平方米。1937 年 8 月 13 日至 11

中国青年新闻记者协会成立会址纪念馆
山西南路 200 号

月 12 日淞沪会战时，在南京饭店 2 楼的一个房间里，一群年轻记者怀着急切的爱国心聚集在一起探讨如何拿起笔来进行抗日救亡的宣传。1937 年 11 月 8 日在范长江的领导下，中国青年新闻记者协会在南京饭店成立。协会逐步发展，先后在中国各地成立了 40 多个分会，团结了一批爱国进步记者用笔作枪，唤起民众投入抗日救亡的运动。

上海女子商业储蓄银行 南京东路 480 号 这家银行成立于 1924 年 5 月 27 日，为中国近代银行家陈光甫所创办，董事长为谭惠然和严叔和，是专门为女性客户服务的商业储蓄银行，营业员也全部都是女性，是当时全国唯一的女子银行。该行经营管理者也主要为女性。徐志摩的前妻张幼仪曾经在 1932 年担任女子银行的副经理，也是该女子银行的 9 名董事之一。张幼仪于 1926 年在德国留学后回到上海住在华山路的范园 18 号，这是她的哥哥张嘉璈的住宅。张嘉璈在民国时期任中国银行总经理、中央银行总裁等职，人称“中国现代银行之父”。1956 年，上海女子商业储蓄银行在公私合营之后停业。女子银行开设在南京东路 480 号的 2 楼，为保安坊沿街建筑。

上海女子商业储蓄银行 南京东路 480 号

保安坊 南京东路 486 弄 建于 1930 年，为 2 层砖木结构的民居，是南京东路保留的上海旧式里弄，因隔壁的保安司徒庙而得名。

保安坊 南京东路 486 弄

保安司徒庙（虹庙、红庙） 南京东路 496 号（石潭弄 48 号） 建于明代万历年间，初为三进的庙宇，原为佛寺，司徒为司土，即土地爷。

保安司徒庙（虹庙、红庙） 南京东路 496 号

后改为道观，主奉观音大士，清末民初时期香火极旺，为城市道教的著名处所，俗称虹庙或红庙。1901 年在一场大火后重建。1927 年庙宇门楼曾进行重建。重建后的门楼系钢筋水泥结构，飞檐斗拱雕梁，四周墙体呈紫红色，重建的南京路入口为中国式门楼，上有“保安司徒庙”五个大字，系由当时著名书法家王一亭题书。遗憾的是，此入口的门楼已经消失。红庙据传是沪剧经典老戏“庵堂相会”发生地。1963 年道教协会将红庙并入南市的白云观，红庙改为其他用途使用。1993 年，上海道教协会收回部分产权。现为宗教场所。

盆汤弄在福建中路 340 弄的弄堂口

盆汤弄 东起山西南路 西至福建中路 从保安司徒庙的石潭弄一直往北走就会抵达盆汤弄。盆汤弄很短，只有 214 米长，但是，它是 1864 年建的上海老弄堂，因上海人在此沐浴并购买沐浴用品而得名盆汤弄。在盆汤弄你将看见 1886 年上海最早出现的木头电线杆和建于 1864 年上海最早的公共厕所（盆汤弄 67 号）。

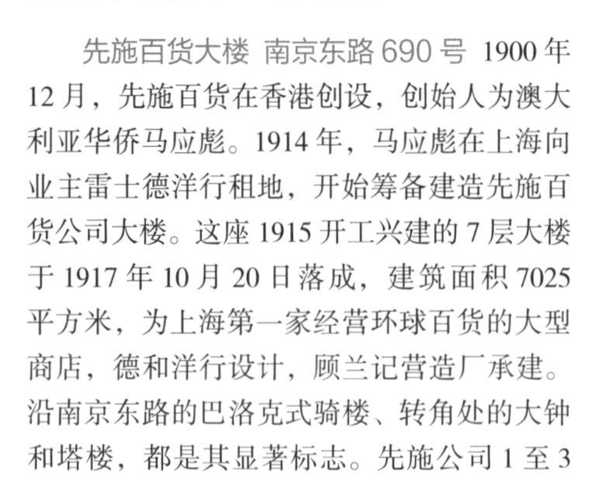

先施百货大楼 南京东路 690 号 1900 年 12 月，先施百货在香港创设，创始人为澳大利亚华侨马应彪。1914 年，马应彪在上海向业主雷士德洋行租地，开始筹备建造先施百货公司大楼。这座 1915 开工兴建的 7 层大楼于 1917 年 10 月 20 日落成，建筑面积 7025 平方米，为上海第一家经营环球百货的大型商店，德和洋行设计，顾兰记营造厂承建。沿南京东路的巴洛克式骑楼、转角处的大钟和塔楼，都是其显著标志。先施公司 1 至 3

先施百货大楼 南京东路 690 号

层为百货部，4至5层为豪华东亚酒楼，设有客房和餐厅，6至7层为先施乐园，屋顶为花园茶楼。先施乐园拉开了上海大型百货公司投资附设游乐场的序幕，形成了商娱合一的经营模式，之后，永安百货公司的天韵楼、新新公司的新新游乐场、大新公司的大新游乐场先后开设。1956年，先施百货公司经公私合营后转变为上海时装公司。

永安百货大楼 南京东路635号 1918年9月开业，由香港永安公司在上海投资建立，其创始人为以郭乐为首的郭家兄弟。香港永安公司由郭家兄弟创建于1907年。1909年，郭乐带着几个兄弟由澳大利亚来到香港，开启了永安百货的征程。1913年，郭氏兄弟开始在上海筹建永安百货公司。永安公司沿南京路设有十座大玻璃橱窗，三座爱奥尼克柱的大门。2层以上均有出挑的铸铁栏杆的长廊和阳台，建筑外墙是优雅的淡黄色，就像南京西路上永安老板郭家兄弟的住宅一样，极尽欧风。顶层的平台原为天韵楼，当年为永安游乐场，曾经在西北面设置了戏台，夏天纳凉看戏，还可在花房里赏鱼。在天韵楼的西北面还有一座旋转的楼梯可以带你登上塔楼绮云阁。1918年，绮云阁是南京路的制高点，东眺，可看见外滩的背影和茫茫的浦江水，那时候，外滩的建筑群已初具规模，在永安公司成立的1918年，在塔楼上还看不见1929年建成的沙逊大厦的背影，当人们以登上绮云阁为时尚的时候，1934年才建成的国际饭店一带还是一片小矮楼。永安百货大楼的西南转角初始为大东旅社，设有客房和餐厅。1949年5月上海解放后，永安百货公司第二代老板郭林爽留在了上海。1956年，郭林爽积极响应政府公私合营的号召，

永安百货大楼 南京东路635号

图左为永安百货大楼 图右为先施百货大楼

将永安百货公司转变为社会主义全民所有制，不再以资本家的身份行使职权。

新永安公司 南京东路627号 建于1932年，高22层，现代式摩天大楼，哈沙德和菲利普斯联合设计，陶桂记营造厂建造，钢筋混凝土结构，平面呈三角形状，占地面积1400平方米，其7楼曾经为七重天酒楼，故也被称为七重天大厦。这块三角形的地块，在晚清时期是高3层的戏院——新新舞台，当年京剧名伶谭鑫培在此演出。1916年，新新舞台改名天蟾舞台，于1920年代卖给了顾竹轩。1929年，属于工部局的地皮租约到期，新新舞台关闭，以周信芳为首的京剧演员及班底迁往福州路的大新舞台。大新舞台遂更名为天蟾舞台。故南京路的天蟾舞台被称为“老天蟾”。1933年，新永安公司大楼竣工，在4层凌空飞架的连廊连通了永安百货。其后，永安百货的生意远远大于对面的先施公司。1970年代，它成为上海物质贫乏时代的华侨商场，是要用珍贵的兑换券才可以购买到或紧俏或时髦产品的地方。

图左为新永安公司大楼，毗邻永安百货大楼
南京东路627号

新新公司 南京东路720号 竣工于1925年，屋顶有2层高的方形空心塔座，6层有铁铸栏杆的长阳台，为简化的新古典主义建筑。新新公司由澳大利亚做地产生意的华人李敏周与先施公司刘锡基合作，经募集资金招股的筹备，于1924年建造，设计者为鸿达洋行，鸿宝建筑公司承建。1926年1月新新公司开业，为超越近邻的先施百货和永安百货的生意，新新百货打出了提倡国货的旗号，成为第一家在中国注册的大型百货公司。新新公司1至3层为百货店，4楼有茶室、旅馆、美发厅，6层至7层有新都饭店和新都剧场，

新新公司 南京东路 720 号

屋顶设有新新游乐场，为大型商业综合体。新新公司是上海第一家装有空调的百货公司。另外，6 楼设于玻璃房内的新新电台非常吸引人气。1952 年新新公司歇业。1954 年上海第一食品商店在此成立。

老闸巡捕房 贵州路 101 号 老闸捕房设立于 1860 年，是上海公共租界巡捕房的一个分区捕房。当年公共租界的老闸区雇用的印度锡克族巡捕进驻在此，现留有一栋红砖的 4 层楼房。1925 年“五卅惨案”中，老闸巡捕房的捕头和印度巡捕枪杀了为抗议日本资本家杀害顾正红和声援工人罢工的学生 13 人，欧阳立安、殷夫等烈士牺牲前都曾关押在此，尹景伊、何秉彝等 13 位爱国志士牺牲在原南京东路的老闸巡捕房入口，此入口现已不存，现立有五卅惨案纪念的铭牌。1949 年后，这里改为培光中学。1985 年改为商业职业技术学校。现为上海商贸旅游学校。

老闸巡捕房 贵州路 101 号

大新百货 南京东路 830 号 由大新公司建于 1934 年，1936 年 1 月开业，高 9 层，钢筋混凝土结构，1 至 4 层为百货商场，5 层为办公室和职工食堂，6 至 10 层以上曾经是大新游乐场，设电影院、酒楼、露天电影场和屋顶花园。该建筑由朱彬、梁衍设计，馥记营造厂承建，占地面积 3667 平方米，建筑面积 28000 平方米，装饰艺术派建筑风格，局部采用了中国式表达元素。大新公司的创始人为澳大利亚华侨蔡昌。蔡昌出生于广东香山县（今珠海金鼎镇外沙村），14 岁随哥哥一同去澳大利亚悉尼谋生。1899 年，蔡昌参与同乡马应彪集资开设香港先施公司，后来去香港在先施公司任职。1912 年，蔡昌在香港德辅道开设了第一家大新百货公司。1918 年又在广州西堤创办大新公司，即著名的南方大厦。1936 年 1 月 10 日，上海的大新公司开张时，国内唯一拥有奥的斯自动扶梯的大新百货大楼成为上海市民人潮涌动之地，1 至 3 层的百货商场营业面积 1.7 万平方米，为当时中国百货业之冠。大新公司在屋顶的游乐场布置时尚，戏台、电影院、台球房等设施非常先进。1953 年 9 月 10 日，大新百货停业，由上海市第一百货商店入驻。

大新百货 南京东路 830 号

第4站

四川中路

四川中路街景

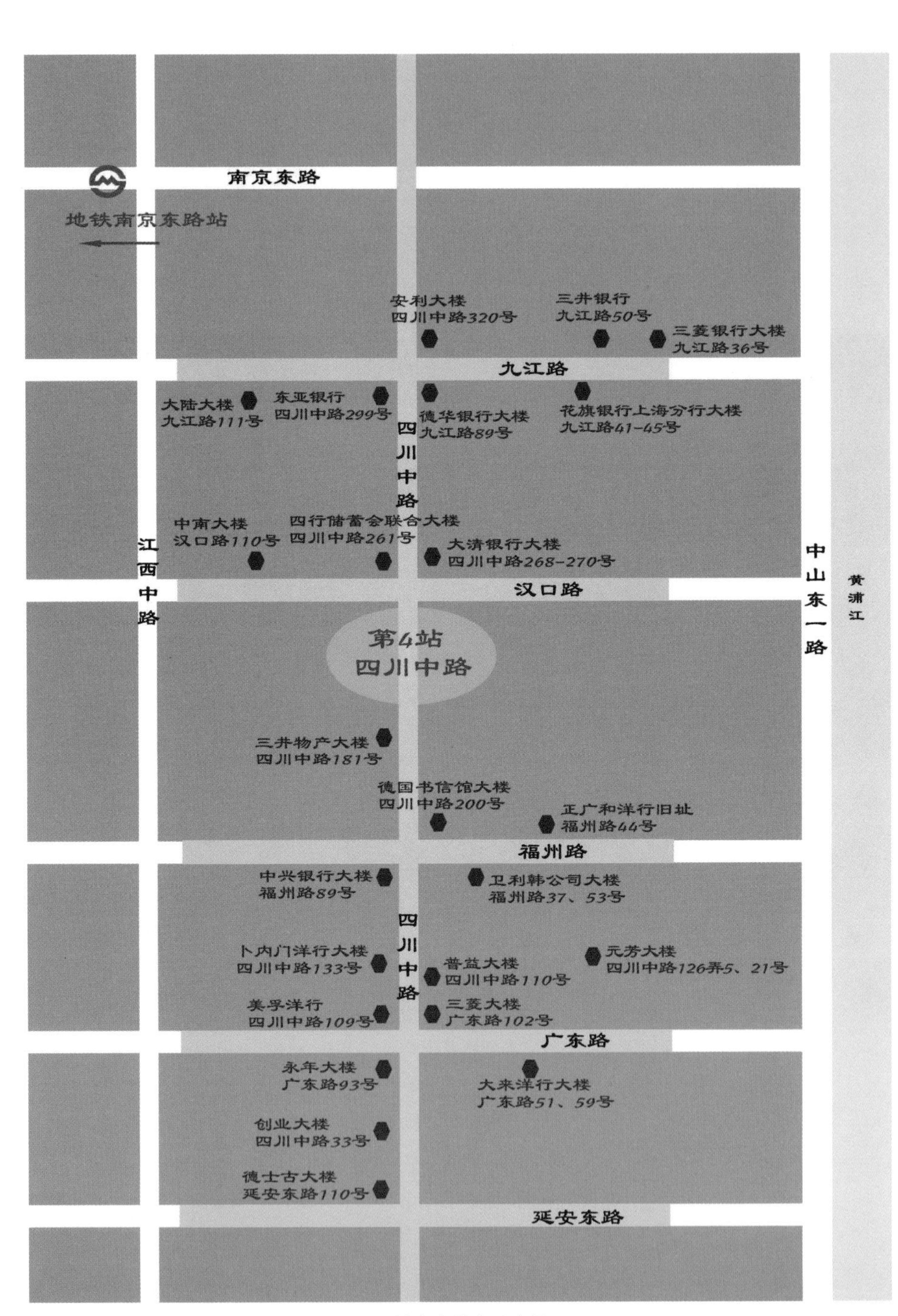

南京东路
地铁南京东路站
安利大楼
四川中路320号
三井银行
九江路50号
三菱银行大楼
九江路36号
九江路
大陆大楼
九江路111号
东亚银行
四川中路299号
德华银行大楼
九江路89号
花旗银行上海分行大楼
九江路41-45号
四川中路
中南大楼
汉口路110号
四行储蓄会联合大楼
四川中路261号
大清银行大楼
四川中路268-270号
江西中路
中山东一路
黄浦江
汉口路
第4站
四川中路
三井物产大楼
四川中路181号
德国书信馆大楼
四川中路200号
正广和洋行旧址
福州路44号
福州路
中兴银行大楼
福州路89号
卫利韩公司大楼
福州路37、53号
四川中路
卜内门洋行大楼
四川中路133号
普益大楼
四川中路110号
元芳大楼
四川中路126弄5、21号
美孚洋行
四川中路109号
三菱大楼
广东路102号
广东路
永年大楼
广东路93号
大来洋行大楼
广东路51、59号
创业大楼
四川中路33号
德士古大楼
延安东路110号
延安东路

四川中路漫步示意图

四川中路填浜筑路于1855年，原沿街是一条浜，浜上有桥，故初名桥街，后改名为江苏路。1865年铺碎石路，更名为四川路。1920年代改铺沥青路面。1945年更名为四川中路。

1846年后，外滩背后的土地逐步被英商和其他欧洲侨民“永租”，他们在这里建造房屋，逐渐形成了外侨的生活区域。19世纪末，公共租界向西越界筑路，新的建筑均配备水电煤设施，外侨们纷纷去西区建房子了。而外滩背后的房子则被逐步推翻重建。1900年之后，四川中路形成了仅次于外滩的金融中心。这些建筑留存至今，不仅可见红砖立面的安妮女王复兴风格的建筑，还能欣赏到新古典主义风格的建筑，甚至还能看见英国乡村别墅和现代主义风格的建筑。

上海近代建筑通常被划分为四个时期：1843至1900年为移植期；1900至1925年为转型期；1925至1937年为成长期；1937至1949年为停滞期。四川中路的大部分建筑正是建在转型期内。

四川中路与之相交的马路有延安东路、广东路、福州路、汉口路、九江路、南京东路、滇池路、北京东路、香港路和南苏州路，它们共同形成外滩棋盘式的城市道路，为外滩地区发达的金融中心和民居混杂的街区，这里也成为历史建筑遗产的集聚地。

德士古大楼（四川大楼） 延安东路110号 德士古大楼的前身为1920年创办的上海证券物品交易所，1921年又有面粉交易所入驻。我们今日所见的大楼于1943年竣工，高6层，为现代派风格的弧形转角大楼，钢筋混凝土结构，英商会德丰洋行于1940年投资兴建，挪威籍土木工程师汉斯·柏韵士（Hans Berents）设计，杨瑞记营造厂承建，初名为会德丰大楼。1948年，会德丰洋行将大楼转让给美商德士古石油公司（Texaco），遂改称德士古大楼。1951年由上海房管部门接管，改称四川大楼，曾经入驻的公司有：上海自行车缝纫机工业公司、上海市钟表公司、上海印刷公司等。1986年加建了两层。2012年12月30日，

德士古大楼 延安东路110号

创业大楼 四川中路 33 号

延安东路一侧加建的 7、8 层楼面坍塌并压垮了第 6 层，在后来的改建中将 1986 年加建的第 7、8 层拆除，但是，延安东路一侧被压垮的第 6 层并没有被恢复。

创业大楼 四川中路 33 号 原为企业家刘鸿生创办的中国企业银行办公大楼，1931 年由哈沙德洋行设计，装饰艺术派建筑风格，承建商为昌升建筑公司，占地面积 1310 平方米，建筑面积 9200 平方米。除了作为中国企业银行和刘鸿生的大中华火柴公司的办公楼之外，还有大量的洋行、商行以及企业驻扎于此，其顶层的 8 楼有一部分是刘鸿生曾经的办公室和寓所。

大来洋行大楼（大来轮船公司）
广东路 51、59 号

大来洋行大楼（大来轮船公司） 广东路 51、59 号（四川北路广东路西南转角） 1921 年竣工，高 6 层，略呈现代派新古典主义建筑风格。第 6 层有挑出的阳台，底层为拱券门窗。美国设计师亨利 · 墨菲（Henry Killam Murphy）设计。楼内的大空间不作分割，租户可以按需求自由分割空间，这种理念在当时是极为超前的。墨菲为美国建筑设计师，1899 年毕业于美国耶鲁大学。墨菲先后为中国的多所教会大学规划设计了校园和主要建筑，如沪江大学、金陵女子大学、燕京大学、岭南大学等。大来洋行大楼竣工后，大来洋行自用最高的两层。大来洋行由美国商人罗伯特 · 大来（Robert Dollar）创建，并于 1905 年与人合伙创办中美轮船公司，经营上海至旧金山往返的航运业务。1923 年 1 月 23 日，美国记者奥斯邦与《大陆报》联办无线电台，在大来大楼顶楼安置了无线电公司的电台，从此开始了无线电播音节目，音乐和新闻逐步成为上海人的时尚生活。1929 年，中国航空公司在该大楼成立。1960 年，大来大楼成为上海无线电十二厂的厂房和车间。1993年，锦江集团收购了大来大楼并在顶楼加建了一层。

永年大楼 广东路93号 1910年由英商永年人寿保险公司建造，通和洋行设计，建筑面积3816平方米，英商汇广建筑公司承建，立面全部为花岗岩石，新古典主义建筑风格，入口有两根大理石立柱，北立面和东立面2层的窗采用的是帕拉弟奥组合窗。入内，穹顶的彩画令人惊讶不已。这座新古典主义风格的3层建筑有着局部的巴洛克装饰，其内部的底层有精彩绝伦的镶嵌玻璃画大窗，以及穹顶的壁画和华丽的爱奥尼克柱，略呈拜占庭风格。这是一幢气宇轩昂的转角建筑，耶稣与圣玛利亚的彩色玻璃的大窗来自徐家汇土山湾的孤儿院。永年人寿保险公司为加拿大人创立于1898年，于1937年将该大楼卖给中国贸易公司。1938年10月，抗日战争势头正劲，上海难民救济协会在此成立，虞洽卿担任理事长。当时冬季将至，上海的难民得到救济协会的大力救助。同年，虞洽卿买下了3楼（顶层）并将北三轮埠公司迁入，后来还附设了“海运俱乐部”。1946年10月8日，35岁的董浩云出席了在此举行的上海市轮船商业同业公会第四次会员大会，同年12月中国轮船业济运联营处在此成立，董浩云当选为理事，从此开始了宏图大展的时刻。

永年大楼 广东路93号

永年大楼的帕拉弟奥组合窗

三菱大楼 广东路 102 号

三菱大楼 广东路 102 号 1914 年由日商三菱洋行建造，高 4 层，新古典主义建筑风格，日本人福井房一设计，占地面积 782 平方米，建筑面积 2945 平方米，转角为建筑的中轴线，两翼对称，入口位于转角处，半券门洞，2 至 3 层为贯通的圆拱窗，转角的屋顶设有圆形塔楼。三菱洋行创办于 1870 年。1917 年，三菱洋行生产的小客车为全日本第一辆。1945 年后，该大楼由政府作为敌产收归，成为中央信托局地产处，改称中信大楼。这几年，三菱大楼开过餐厅和公司。

美孚洋行 四川中路 109 号 建于 1920 年，新古典主义建筑风格，钢筋混凝土结构，占地面积 959 平方米，建筑面积 3805 平方米，转角为主入口，设一对塔司干立柱，其内部的螺旋式楼梯美不胜收，初为美孚洋行上海办事

美孚洋行 四川中路 109 号

处。美孚火油公司创始人是美国石油大王洛克菲勒。从 1876 到 1920 年代，美孚洋行的石油产品（以煤油为主）已在美国输华货物量中居领先地位。美孚洋行于 1894 年在上海设立办事处，又名标准石油公司。1951 年美孚洋行歇业后被上海市军管会接管。1952 年大楼归黄浦区中心医院使用。现为整修状态。

普益大楼 四川中路 110 号 建于 1922 年，高 8 层，下部 2 层处理为基座，底部饰塔司干式柱，7 层处理为檐部，檐口有细部装饰，英商德和洋行设计，为美商普益地产公司大楼，建筑整体呈折衷主义风格。当时美商雷文·法兰（Raven Frank）为普益地产公司董事会主席，他引领的普益地产公司在上海建造了很多建筑，如新华路的哥伦比亚圈的大片住宅。现为上海电气集团所用。

普益大楼入口 四川中路 110 号

元芳大楼 四川中路 126 弄 5、21 号（元芳弄内） 元芳弄是一条只有 135 米长的短短小弄堂，形成于 1914 年前，一头在四川中路，另一头在外滩 6 号的中国通商银行。上海开埠后，这里成为英国商行的扎堆之处，因英商元芳洋行在拍卖业很有名望，设立于此后而被称为元芳弄。5 号和 21 号元芳大楼始建于 1906 年，为有连廊的 2 栋红砖建筑，5 号为 4 层，21 号为 3 层，通和洋行设计，元芳洋行投资兴建，英国安妮女王复兴建筑风格，略呈古典主义建筑风格，红砖立面丰富

元芳大楼 四川中路 126 弄 5、21 号

多姿，原名为元芳弄公寓。5号大楼于1906至1908年为沪宁铁路总公司所租用。1934年曾经是《大陆报》办公地。1937年8月13日，日军占领上海后，元芳大楼成了难民避难之地，之后，逐步成为民居。

卜内门洋行大楼 四川中路133号 竣工于1922年，卜内门公司投资兴建，高7层，钢筋混凝土结构，新古典主义建筑风格，占地面积676平方米，大型方壁柱和玻璃窗，沿街的东立面中央有高耸的半圆立柱，入口设四叶旋转门。卜内门公司是创始于1873年的制造厂商，专门制造纯碱、肥料和化学制品，在1926年之前，卜内门公司销售的纯碱曾经具有垄断地位。卜内门洋行的职员宿舍在愚园路1203弄。卜内门洋行大楼于1956年归上海商业储运公司使用，随后，上海新华书店总店和上海发行所进驻。2021年，卜内门洋行大楼完成了修缮装修，重焕新生，成为高端办公、接待展陈与餐饮的综合商业大楼。

卫利韩公司大楼 福州路37、53号 原美商卫利韩公司大楼，建于1930年代，钢筋混凝土结构，折衷主义建筑风格，平面回字形布局，沿街主立面三段式构图，有贯穿2至4层的壁柱，立面丰富，3层为连续的拱券窗，初始为美商卫利韩公司。现为中国成套设备进出口集团有限公司上海分公司所用。

正广和洋行旧址 福州路44号 1874年，英商正广和洋行在上海开设分公司。1937年，英国商人出于对英国乡村的热爱，将该建筑设计成英式乡村别墅式。在新古典主义意味浓厚的汇丰银行大楼的后面，这样的木结构、

卜内门洋行大楼 四川中路133号

卫利韩公司大楼 福州路37、53号

正广和洋行旧址 福州路 44 号

乡村风格的低矮建筑非常醒目。与该建筑同时建造的还有正广和大班住宅（今武康路 99 号）。正广和上海分公司在 1966 年更名为上海汽水厂，1997 年恢复正广和的名字。

中兴银行大楼 福州路 89 号 前楼建于 1927 年，后楼建于 1934 年，钢筋混凝土结构，现代建筑风格。顶层为后来加建。中兴银行于 1920 年由菲律宾华侨李清泉和印尼华侨黄奕住等人创立于菲律宾的马尼拉。1929 年在上海成立分行，其分行的地址即福州路 89 号。李清泉和黄奕住都是著名

中兴银行大楼 福州路 89 号

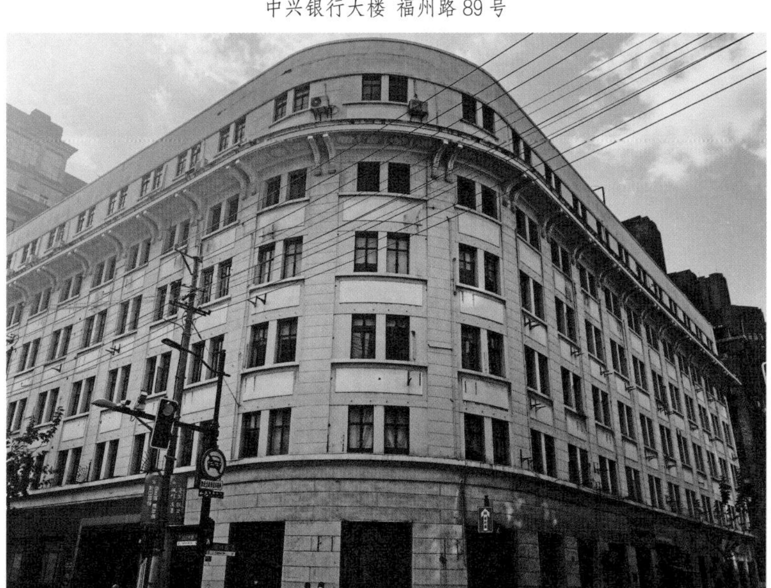

的爱国华侨和慈善家。中兴银行大楼第 2 层的 219、223 室为文萃社旧址。1946 年 1 月至 1947 年 3 月，文萃社在此办公，其刊物《文萃》是解放战争时期中国共产党领导下出版发行的一份政论性刊物。1949 年后，中兴银行上海分行歇业，现为申达大楼，由上海机电设计院使用。

德国书信馆大楼 四川中路 200 号 建于 1905 年，倍高洋行设计，高 3 层，砖混结构的转角建筑，新古典主义风格，巴洛克艺术装饰立面，原为德国书信馆，即邮政局。1940 年代因火灾损坏严重，转角的塔顶被毁，立面的巴洛克雕饰基本不存。曾经上海历史建筑中最美的古典主义建筑被加层，只留下一个框架。1949 年后，该大楼为上海木材公司使用。目前在转角的位置是餐厅。

德国书信馆大楼 四川中路 200 号

三井物产大楼 四川中路 181 号 建于 1937 年，日本籍设计师平野勇造设计，意大利文艺复兴建筑风格，清水红砖，高 4 层，东立面两个入口的砖饰和石雕十分精美，希腊式三角形山墙与组合窗套的设计体现了设计师的娴熟设计手法，为日本三井物产株式会社上海支店大楼。1945 年，三井物产大楼被国民政府接管。1949 年后为上海手表七厂使用。现在的 2 层为艺术外滩浦西馆。

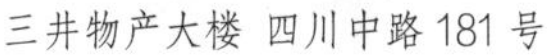

三井物产大楼 四川中路 181 号

大清银行大楼 四川中路 268-270 号

大清银行大楼 四川中路 268-270 号 竣工于 1908 年，通和洋行设计，红砖建筑，虽然还有安妮女王复兴风格的外貌，但是，新古典主义建筑风格已经略有呈现。立面构图严谨，屋顶的东西端设绿色铜皮塔楼各一座，为大清银行投资兴建并使用。1912 年大清银行改称中国银行。1944 年迁往外滩 23 号中国银行大楼。

大清银行大楼的南立面

大清银行大楼南立面的入口

四行储蓄会联合大楼 四川中路 261 号 竣工于 1926 年，为邬达克设计的新古典主义建筑，主体 7 层，另有转角的 2 层塔楼，穹顶为大理石建造，转角的主入口为挑高 2 层的拱券式，其内部装饰典雅华丽。所谓“南四行”，

四行储蓄会联合大楼 四川中路 261 号

四行储蓄会联合大楼底层的营业大厅

即指上海商业储蓄、浙江兴业、浙江实业和新华这四家银行。1947 年，南四行进行改组后成立联合商业储蓄信托银行，简称联合银行。四行储蓄会联合大楼在 1958 年后由上海市化工轻工供应公司等单位使用，现为广东发展银行上海分行外滩支行所在地。

中南大楼 汉口路 110 号 建于 1921 年，高 4 层，新古典主义建筑风格。中南银行（China and South Sea Bank）在中国近代颇具影响力，曾经是中国的发钞银行。它是近代海外华侨回国投资创办的最大的银行。1921 年 7 月 5 日，中南银行创立于此。中南银行创办人兼董事长为印尼华侨黄奕住，总经理为胡笔江，史量才为常务董事。1924 年，中南银行与盐业银行、大陆银行、金城银行被合称为“北四行”。黄奕住为著名的爱国华侨和社会活动家，原籍福建南安，一生为福建的民生和经济的发展贡献很大，晚年居住于厦门鼓浪屿。1938 年 9 月，中南银行总经理胡笔江作为政府代表商谈对外借款抗战，因所乘飞机遭到日机攻击而遇难。

中南大楼 汉口路 110 号

中南大楼的入口

东亚银行大楼 四川中路 299 号 建于 1926 年，竣工于 1928 年，装饰艺术派建筑风格，由香港东亚银行投资兴建。这座转角建筑高 7 层，后加建 1 层，以转角的立面为视觉焦点，顶部的塔楼非常精致，立面有简约的图案，入口的大理石立柱极为经典，外墙以水刷石饰面，匈牙利设计师鸿达设计。东亚银行于 1918 年在香港创建，1920 年代初期来到上海。现在的东亚银行在该楼第 3 层营业。底层为东亚银行沪港

东亚银行大楼
四川中路 299 号

东亚银行大楼底层大厅

东亚银行大楼内东亚银行沪港两地金融发展历史博物馆所展示的保险柜

两地金融发展历史博物馆，在2018年对大楼进行改造时保留了黑白大理石拼花长达24米的银行柜台，以及银行的内部设施、保管箱库等，门厅后备空间的狭窄木制楼梯已经改造为白色旋转楼梯。

大陆大楼 九江路111号 竣工于1934年，高10层，基泰工程司设计，申泰兴记营造厂承建，装饰艺术派建筑风格，底部2层用花岗石砌筑，顶部退台，女儿墙和基座有抽象几何图案，初始为大陆银行办公楼，基泰工程司于1934年迁入大陆大楼8层办公，8层还有罗邦杰建筑师和东南建筑公司的办公室。1918年秋天，谈荔孙在天津创建大陆商业银行，自任董事长。1920年大陆银行上海分行成立。1931年，大陆银行还与金城银行、中南银行、交通银行、国华银行等5家银行共同投资500万元，联合创办太平保险公司，与银行的抵押贷款和仓储业配套经营。这座建筑现在由上海信托投资公司使用，1层开放为画廊展厅，保险库也作为展厅部分可以观看。

德华银行大楼（江川大楼） 九江路89号 竣工于1916年，新古典主义建筑风格，由德华银行投资建造的转角建筑，建筑面积3290平方米，两翼有贯通3层的巨大立柱，高4层，1988年加建了2层。德华银行1889年成立于上海，由13家德国银行联合投资组成。在1914年前，德华银行上海总行是一家很有实力的银行。德华银行的产业在第一次世界大战后被中国政府没收，后德华银行再来上海，刚有了起色，第二次世界大战烽烟又起，德

大陆大楼 九江路 111 号

大陆大楼入口的图案

德华银行大楼 九江路 89 号

安利大楼 四川中路 320 号

华银行的财产又被日本人没收。1945 年被国民政府接管，新中国成立后为上海医药公司所用。

安利大楼 四川中路 320 号 奠基于 1907 年 5 月，竣工于 1908 年 12 月，高 7 层，钢筋混凝土结构，新古典主义建筑风格，占地面积 714 平方米，建筑面积 4933 平方米，美国底特律钢筋混凝土建筑公司（Trussed Concrete Steel Co. Detroit）设计和施工，初始为德商瑞记洋行使用。1917 年第一次世界大战中国对德国宣战，瑞记洋行在华资产被汇丰银行代管。第一次世界大战结束后，瑞记洋行创始人之一安拿（Jacob Arnhold）的两个儿子安利（Charles Herbert Arnhold）和安拿（Harry Edward Arnhold）创办的英商安利洋行（Arnhold Brothers & Co. Ltd）接管了瑞记洋行在上海的资产，恢复了在四川中路 320 号的经营，至此，这里被称为安利大楼。后来，兄弟俩被称为安诺德兄弟。1924 年 10 月 9 日，安利洋行投资创办英商中国公共汽车公司，开辟了一条外滩至静安寺的公共汽车线路。1923 年，安利洋行被维克多·沙逊的沙逊集团兼并，安利洋行的中文名字未变，而英文名改为 Arnhold & Co.，安诺德兄弟继续在安利洋行担任职务。1935 年，安诺德兄弟离开了安利洋行，另组公司。1959 年之后，安利大楼由上海水产公司使用。现为晶通化学品有限公司使用。

花旗银行上海分行大楼 九江路 41-45 号 这里是花旗银行大楼的遗址，今日我们所见的大楼为 2012 年按原貌重建。原大楼竣工于 1902 年，花旗银行同年在上海设立分行即进驻该大楼。花旗银行（Citibank）的中文名“花旗”源于上海市民对该行的习惯性称呼，是花旗集团旗下的一家零售银行，其前身主要是1812年6月16日成立的“纽约城市银行”（City Bank of New York），经过近两个世纪的发展、并购，已经成为美国最大的银行之一，也是一家在全球近一百五十个国家及地区设有分支机构的国际大银行。花旗银行上海分行于1951年停业关闭。1980年后由新民晚报社使用。现为上海证券九江路营业部。

三井银行大楼 九江路50号 建于1934年，占地面积1301平方米，钢筋混凝土结构，花岗岩饰面，大厅高2层，四面环廊，顶部天花为彩色玻璃拼图，公和洋行设计，新古典主义建筑风格。三井银行上海分行成立于1917年，以进出口业务的汇兑业务为主。1955年3月起，为上海市财政局、上海市税务局等单位使用，现为建设银行上海分行。

三菱银行大楼 九江路36号 建于1934年，德和洋行设计，新古典主义建筑风格，主立面由花岗岩饰面，四根通贯3层的简化复合式巨柱非常壮

花旗银行上海分行大楼 九江路41-45号

三井银行大楼 九江路50号

观，大厅高 2 层，大厅顶部中央为玻璃天棚，初始为日本三菱银行使用。1945 年抗战胜利后为中华邮政储金汇业局使用。新中国成立后，这里是上海邮政局。现在，这里是中国邮政储蓄银行黄浦区支行营业部。

三菱银行大楼 九江路 36 号

三菱银行大楼的底层大厅

第 5 站

江西中路

江西中路街景

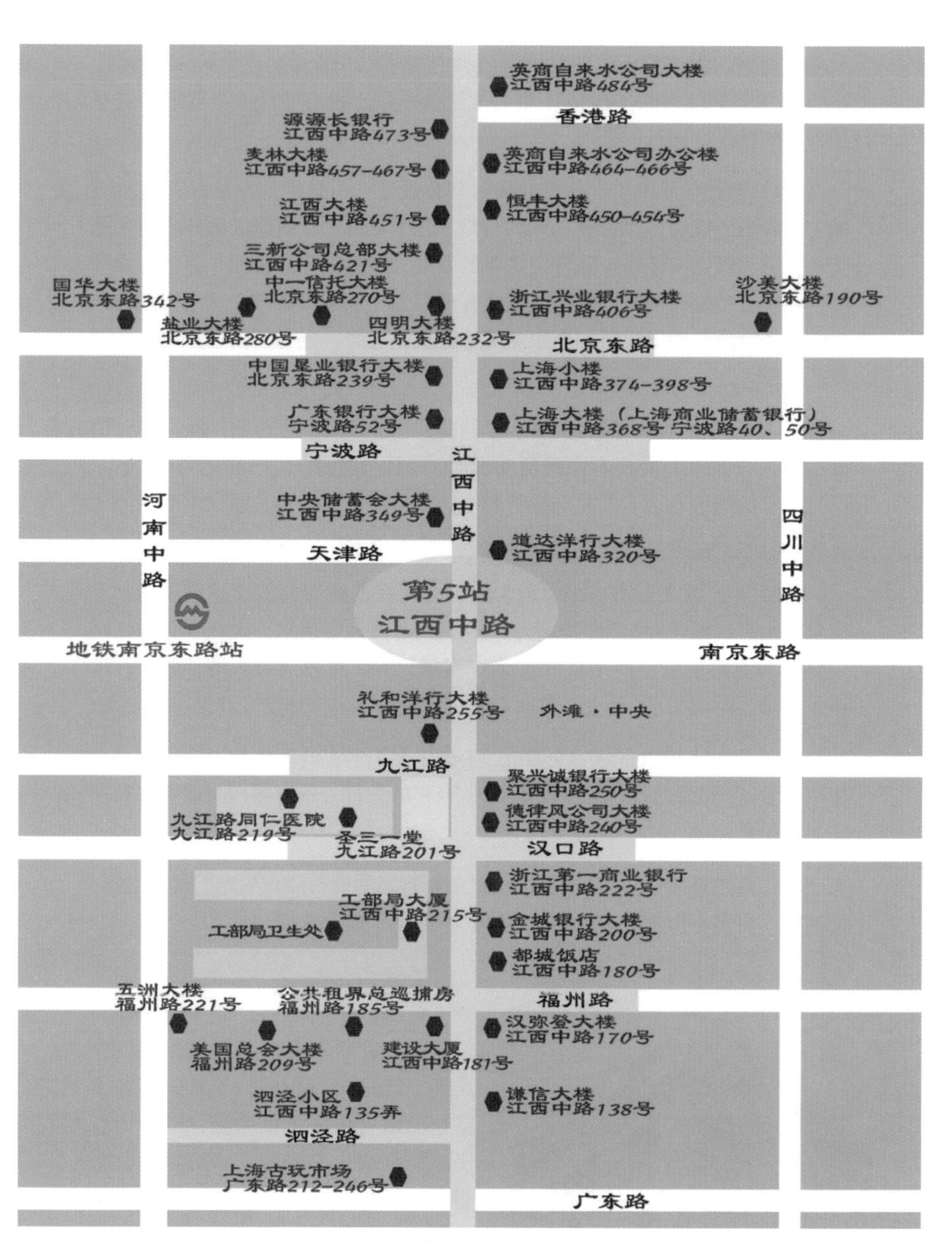
英商自来水公司大楼
江西中路484号
香港路
源源长银行
江西中路473号
麦林大楼
江西中路457-467号
英商自来水公司办公楼
江西中路464-466号
江西大楼
江西中路451号
恒丰大楼
江西中路450-454号
三新公司总部大楼
江西中路421号
国华大楼
北京东路342号
中一信托大楼
北京东路270号
浙江兴业银行大楼
江西中路406号
沙美大楼
北京东路190号
盐业大楼
北京东路280号
四明大楼
北京东路232号
北京东路
中国垦业银行大楼
北京东路239号
上海小楼
江西中路374-398号
广东银行大楼
宁波路52号
上海大楼（上海商业储蓄银行）
江西中路368号 宁波路40、50号
宁波路
江西中路
河南中路
中央储蓄会大楼
江西中路349号
四川中路
道达洋行大楼
江西中路320号
天津路
第5站
江西中路
地铁南京东路站
南京东路
礼和洋行大楼
江西中路255号
外滩·中央
九江路
聚兴诚银行大楼
江西中路250号
德律风公司大楼
江西中路240号
九江路同仁医院
九江路219号
圣三一堂
九江路201号
汉口路
浙江第一商业银行
江西中路222号
工部局大厦
江西中路215号
金城银行大楼
江西中路200号
工部局卫生处
都城饭店
江西中路180号
五洲大楼
福州路221号
公共租界总巡捕房
福州路185号
福州路
汉弥登大楼
江西中路170号
美国总会大楼
福州路209号
建设大厦
江西中路181号
泗泾小区
江西中路135弄
谦信大楼
江西中路138号
泗泾路
上海古玩市场
广东路212-246号
广东路

江西中路漫步示意图

江西中路筑于 1855 年，原名教会路，又名教堂街，南起延安东路，北至南苏州路，因道路中段的英国圣公会上海圣三一堂得名，全长 1285 米。1865 年更名为江西路。1946 年更名为江西中路。1920 年代上半叶起，这里是著名的钱庄、银行一条街。

1843 年上海开埠后，外滩的洋行陆续诞生，沿黄浦江岸的纤道逐步被铺上了碎石，成为可以行驶马车的马路。几十年后，江西路成为外滩地区的交通要道和钱庄一条街。随着金融业的发展，银行的先进管理和资金的雄厚使得钱庄逐步走向消亡，江西路相继开设了几十家华资银行。这些银行与外滩的外资金融机构形成既配套服务又分庭抗礼之势，成为近代中国民族金融业的缩影。

从 1843 年的英租界，到 1863 年的公共租界，黄浦江边的外滩一带，信教的洋人冒险家们需要有宗教活动场所，于是，1869 年圣三一堂诞生了。圣三一堂的周边有著名的礼和洋行和中国最早的电话公司，而当年的工部局就建在其周边。圣三一堂及周边可谓公共租界的商业中心。

1881 年，英商上海自来水股份有限公司在杨树浦的黄浦江边建造了上海自来水厂，由于距离市区较远，为保证向外滩地区供水，而在今天的江西中路和香港路建造了一座高 31.5 米、容量为 682 立方米的水塔。如今，这座水塔早已经消失了，但是，英商自来水公司的办公楼却完好地保存了下来。

在江西中路和福州路的交界处，3 栋装饰艺术派的高楼和 1 栋工部局大楼围合着这个上海不多见的环形路口，当年的洋行、华资银行、巡捕房和美国总会聚集于此。

在江西中路和广东路一带，那里是染料起家的贸易商和买办们聚集之地，而拥有一百多年历史的古玩市场也在广东路上依然存在着。

英商自来水公司大楼 江西中路 484 号

英商自来水公司大楼 江西中路 484 号 建于 1921 年，高 4 层，公和洋行设计，新古典主义建筑风格，立面横三段纵三段构图，外立面雕饰丰富，巴洛克风格特征明显，楼梯为现浇钢筋混凝土的楼板。1870 年，公共租界工部局对上海黄浦江及附近水域进行水源质量调查，其后开始水厂的建设。1880 年 11 月 2 日，英商自来水

股份有限公司成立并在如今的江西中路和香港路的路口设立了一座水塔。水塔于1940年代被拆除改为马路。1883年6月29日，英商在上海杨树浦黄浦江边建立的水厂翻开了中国城市供水的崭新一页，在当年的放水典礼上，李鸿章亲自开闸放水。

英商自来水公司办公楼 江西中路464-466号 建于1880年的外廊式建筑（已改建翻新），砖混结构，清水砖墙。曾经的连续拱券柱外廊现已被封闭。这座办公楼成为英商自来水公司在上海最早实现城市清洁水源的见证。

源源长银行 江西中路473号 建于1930年代，砖木结构，高2层，外墙清水红砖，对称构图，装饰艺术派风格，立面对称，装饰图案很有银行特点。源源长银行其前身为源源长钱庄，为1933年熊式辉主政江西的时候建立的钱庄，并得到了熊式辉的大力支持，其股东为谢辰生、王德兴等人。1944年，源源长钱庄更名为源源长银行。1946年10月21日，源源长银行上海分行在江西中路473号成立（总部在江西南昌）。1949年10月源源长银行加入上海市银行同业公会，1950年代初期停业。

英商自来水公司办公楼 江西中路464-466号

源源长银行 江西中路473号

麦林大楼 江西中路 457-467 号

江西大楼 江西中路 451 号

麦林大楼 江西中路 457-467 号 建于 1918 年，高 5 层，钢筋混凝土结构，立面的图案丰富，新古典主义建筑风格，占地面积 556 平方米，建筑面积 2401 平方米，底层的地坪马赛克花砖至今保存完好。麦林大楼在 1920 至 1940 年代曾经进驻的银行有四川省银行和怡丰银行。

江西大楼 江西中路 451 号 建于 1921 年，高 6 层，钢筋混凝土结构。1949 年前为长江实业银行、中央航空公司的所在地。长江实业银行 1941 年 7 月 15 日创立于重庆，后在上海设立分行于此，1949 年 10 月停业。中央航空公司的前身为 1930 年 2 月由民国时期交通部与德国汉莎航空公司合办的欧亚航空公司，总公司设在上海。1943 年改组为中央航空公司，总公司设在昆明。

恒丰大楼 江西中路 450-454 号 建于 1931 年，钢筋混凝土结构，折衷主义风格，入口由爱奥尼克巨柱和顶部的弧形

恒丰大楼 江西中路 450-454 号

山花组成，两翼贯穿 1 至 3 层带凹槽的巨柱有 6 根。1946 年 11 月浙江商业储蓄银行上海分行进驻此大楼，1950 年 2 月停业。如今为企业仓库和民居。

三新公司总部大楼 江西中路 421 号

三新公司总部大楼 江西中路421号 1921 年竣工，钢筋混凝土结构，方形平面，平屋顶，外墙为米色石材贴面，立面中部有巨柱式壁柱贯穿 2 至 3 层，为新古典主义风格和折衷主义结合的建筑。三新公司是荣宗敬和荣德生兄弟创立的茂新、申新和福新公司的统称。此处作为荣氏企业的大本营，荣宗敬负责对三新系统的采购、供应、销售、资金进行统一管理。1922 年，荣氏家族已发展为拥有资本上千万、20 家面粉和棉纱工厂的产业巨头。荣氏在 1920 年代的成功标志着中国近代民族工业和民族资本家的崛起。荣氏家族素有面粉大王和棉纱大王的称号。

四明大楼 北京东路 232 号

四明大楼 北京东路 232 号 新古典主义和巴洛克风格融合的建筑，建于 1921 年，转角处内凹弧形的立面和窗框的箍柱都凸显了巴洛克建筑风格，原本在转角的顶部有一座巴洛克式的圆顶，现已消失，其内部装饰同样是巴洛克风格，由四明银行投资建造，工程师卢镛标设计。1908 年 8 月，四明银行在上海成立。1918 年，上海成立银行公会，四明银行为发起人之一。1921 年 9 月四明银行迁址北京东路 232 号。1933 年，四明银行又成立了四明储蓄会，创办人为孙衡甫。作为一家宁波人开设并服务于宁波人的银行，四明银行获利颇丰，其创办人都是上海滩的知名人物，如朱葆三、虞洽卿、方舜年等人，为中国早期银行的代表之一。

四明大楼转角的入口

中一信托大楼 北京东路270号 大楼初建于1924年，通和洋行设计，为一幢包括中一信托公司、律师行、会计师事务所等共计24家公司合用的办公建筑，原为地上5层，局部有地下室。一层大厅原为中一信托公司的营业大厅，空间高敞，装饰精美，大厅居中有两排爱奥尼克式巨柱，巨柱之间的天顶为彩色玻璃天窗，上层为透明玻璃天窗，图案精美，工艺精湛，黑色和绿色的图案组合非常吸睛。1991年主楼扩建为7层。附楼为5层带局部1层和地下室，同为办公用途。

中一信托大楼 北京东路270号

盐业大楼 北京东路280号 建于1931年,高7层,通和洋行设计，折衷主义建筑风格，略呈新古典主义风格，入口之上有一枚十二章纹徽，为民国政府国徽的备选图案，设计者为鲁迅、许寿裳和钱稻孙。十二纹章图案主要用于钱币。盐业银行由张镇芳于1915年创办于北京并在北京设总行，1928年移至天津，1934年又移至上海。盐业银行凭借天津水陆通达的地理优势、盐业为主的经济条件、通商口岸的开放格局，吸纳民间游资，利用北洋背景,发展业务,扩张势力,以抵押、收购等方式掌控大批纱厂、航运、外贸、盐业、化工等企业，金融触角遍及国内外。盐业银行与金城银行、中南银行、大陆银行并称“北四行”，为民国时期享誉全国的中

图左为盐业大楼，毗邻中一信托大楼
北京东路280号

盐业大楼的入口

资银行。抗战期间，该行大楼被日军强占作营房。1945年该行复业。1952年12月公私合营后盐业银行终结。

国华大楼 北京东路342号 建于1931年，竣工于1933年，通和洋行和时任国华银行顾问建筑师的李鸿儒设计，怡昌泰营造厂承建，装饰艺术派风格，高12层，钢筋混凝土结构，底层为国华银行营业大厅，2至5层为出租办公楼，6层为国华银行俱乐部，占地面积878平方米，建筑面积8107平方米，入口的高大铜门有孔雀开屏图案的雕饰，如今已经不存，大厅的立柱和墙面均为意大利大理石制造，外墙采用预制水泥假石制作工艺。国华银行于1928年1月27日成立于上海，是当时主要商业银行之一，创办人为邹敏初、邓瑞人等人，开业后先后在上海及其他主要城市设立分行。1948年改名为国华商业银行。1952年公私合营之后，国华银行在内地的业务结束，转到香港经营。2001年10月改组成中银香港之一部分。国华大楼现为口腔病防治所使用。

国华大楼 北京东路342号

国华大楼底层大厅的围廊

中国垦业银行大楼 北京东路 239 号 竣工于 1932 年，装饰艺术派风格，高 8 层，钢筋混凝土结构。位于转角的入口挑高 3 层。中国垦业银行成立于 1926 年，由俞佐廷、童今吾等人创办。中国垦业银行初办时以垦牧农林事业所用之土地房屋及籽种、原料、出产物物品等抵押放款业务为主，总行设于天津。1928 年，中国垦业银行发行的钞票发生挤兑，于是，童今吾把自己的股份全数转让给俞佐廷而脱离中国垦业银行。1929 年 6 月，经孙衡甫介绍，宁波同乡秦润卿、王伯元筹集资本 250 万元，接办中国垦业银行，并对该行进行了改组。新的董事会成立时，秦润卿任董事长兼总经理，王伯元任常务董事兼经理，梁晨岚为常务董事，李馥荪、周宗良、徐寄顾等为董事。1929 年将总行设于上海。1933 年 10 月，中国垦业银行迁入北京东路 239 号，1952 年公私合营之后终结。

中国垦业银行大楼 北京东路 239 号

浙江兴业银行大楼 江西中路 406 号 北京东路 230 号 浙江兴业银行成立于 1907 年，为中国早期的商业银行，总行设在杭州。1927 年前，存款总额在私营银行中基本上处于第一、第二位。1915 年，浙江兴业银行把全

中国垦业银行大楼入口的铜门

浙江兴业银行大楼 江西中路 406 号

行的中心移到上海，改上海分行为总行。叶景葵任董事长，蒋抑卮任常务董事实掌日常行务。蒋抑卮有一个上海金融界非常著名的女婿朱博泉。该楼现为宝龙大酒楼和久事艺术沙龙。

沙美大楼（信托大楼） 北京东路 190 号 建于 1918 年，竣工于 1921 年，原为信托大楼，通和洋行设计，新古典主义加文艺复兴建筑风格，高 5 层，转角建筑，内部的旋转楼梯美不胜收，南立面设有阳台，铸铁栏杆图案优美，窗间壁柱纹饰简洁唯美，其立面丰富的巴洛克风格装饰非常吸引眼球。大楼内部最有特色的是铁栅电梯，其轿厢的样式体现了当年的艺术追求，至今依然在使用。现为艺术展览空间和民宿。

沙美大楼（信托大楼） 北京东路 190 号

沙美大楼南入口门廊额枋上的
巴洛克涡卷式断裂山花

沙美大楼通往塔顶的旋转楼梯

上海小楼 江西中路 374-398 号 北京东路 205-217 号 竣工于 1936 年，高 6 层，钢筋混凝土结构，现代派建筑风格，平面呈 L 形，平屋顶，清水红砖外墙，白色线脚，内院为开敞的长廊，曾经与隔壁的上海大楼均为上海商业储蓄银行所在地，故称上海小楼。1950 年，上海小楼的 3 楼开设过一家叫莫有财厨房，为淮扬菜馆，是当年的棉纺业老板聚会之地，于 1970 年迁出后改为扬州饭店。

上海小楼 江西中路 374-398 号

上海大楼（上海商业储蓄银行） 江西中路 368 号 宁波路 40、50 号

上海大楼（上海商业储蓄银行） 江西中路 368 号 宁波路 40、50 号 建于 1929 年，竣工于 1931 年，通和洋行设计，现代派建筑风格，外墙为褐色面砖，局部为装饰艺术派，高 7 层，顶部退台，由上海商业储蓄银行投资建造。上海商业储蓄银行由陈光甫创办于 1915 年，他靠市民小额存款的方式获得成功，1923 年 8 月，上海商业储蓄银行设立旅行部，成为中国最早成立的旅行社，开出中国第一张国内旅行支票，1927 年改称中国旅行社并独立出上海商业储蓄银行。1931 年，上海商业储蓄银行由宁波路 9 号迁入这里。陈光甫笃信佛教，还在该楼顶层上筑一佛堂。1956 年，该行并入公私合营银行。现为浦发银行和全季酒店所使用。

广东银行大楼 宁波路 52 号 竣工于 1934 年，李锦沛设计，张裕泰营造厂承建，高 8 层，钢筋混凝土结构，转角弧形面作为入口，2 层通高的黑色大理石门套配铜制镂空花纹装饰大门。建筑整体在带有装饰艺术元素的同时，也体现了当时正在兴起的现代派建筑风格。广东银行总行创设于 1911 年，由旧金山广东银行美洲华侨和香港殷实商人共同投资。总行设于香港，为当地首创的华商银行，于 1916 年在上海设立分行。1936 年由国民政府官僚资本加入股份进行改组，宋子文担任董事长。1949 年后，广东银行上海分行由军管会接管并清理，后为上海化学试剂采购供应站使用。现为国药集团化学试剂有限公司。

中央储蓄会大楼 江西中路 349 号 竣工于 1934 年，通和洋行设计，张裕泰营造厂建造，钢筋混凝土框架结构，具有现代建筑风格和装饰艺术派

广东银行大楼 宁波路 52 号

广东银行大楼南立面

特征，水泥仿石墙面，转角塔楼向两侧跌落，至北部又高起成为副中心。塔楼强调竖向线条，两侧强调水平线条，入口门厅贯通 2 层，内部装饰精美。

中央储蓄会为国民政府中央信托局的附属机构，成立于 1936 年 3 月 1 日。基金全部由中央信托局拨给，主要经营按月抽签获奖的有奖储蓄业务。总会设在上海，全国各地设有支会或代表处。抗日战争时期，总会迁往重庆，1945 年抗日战争胜利后停止营业。1955 年之后由上海市百货公司、财贸企业管理协会等单位使用。

中央储蓄会大楼　江西中路 349 号

道达洋行大楼 江西中路 320 号 建于 1908 年，马海洋行设计，高 4 层，钢筋混凝土结构，建筑面积 2756 平方米，新古典主义风格，其檐部山花仿希腊神庙山墙的形式。道达洋行（Dodwell & Co.）为一家建筑设计公司，主要作品有徐家汇天主教堂。1955 年改名为珠江大楼。

道达洋行大楼 江西中路 320 号

道达洋行大楼的主入口

礼和洋行大楼 江西中路 255 号 建于 1899 至 1904 年，清水红砖，外廊式建筑，砖木结构。沿街的两面底层为罗马拱外廊，2 至 4 层连续的拱券窗非常漂亮，5 层有 5 个巴洛克风格的山花墙。这是 1877 年进入上海的德商礼和洋行投资建造的维多利亚建筑。礼和洋行于 1840 年在广州设立，其创始人为理查德·冯·卡洛维茨（Richard Von Carlowitz）。1888 年礼和洋行进入香港。礼和洋行以进口德国重型机械、精密仪器、铁路

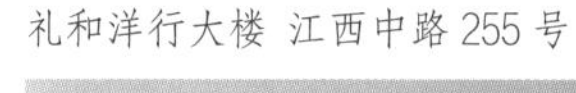

礼和洋行大楼 江西中路 255 号

设备，出口中国的核桃、杏仁等产品为主业，为德国汉堡轮船公司、德国克虏伯炼钢厂和蔡司光学器材厂的代理商。礼和洋行大楼在第一次世界大战时被作为敌产没收。1927 年后，新华商业储蓄银行上海分行设立于礼和洋行大楼的底层，所以该大楼也被称为新华银行大楼。“一战”之后的 1919 年，礼和洋行重回上海，在今天的四川北路 670 号重建了一座礼和洋行大楼。1931 至 1937 年，国民政府通过礼和洋行订购军火。

礼和洋行大楼南立面及屋面

礼和洋行大楼南立面的外廊

圣三一堂（Holy Trinity Church） 九江路 201 号 始建于 1866 年，竣工于 1869 年，清水红砖墙面，外侧的连拱外廊有罗马式风格，拉丁十字平面，一个主堂和两个耳堂，俗称“江西路大礼拜堂”。现在我们所见为在原地建造的第三代圣三一堂，英国著名的教堂建筑师乔治·吉尔伯特·斯科特（George Gilbert Scott）设计。斯科特是英国著名建筑师，他在英国的设计作品有：1870 年始建的格拉斯哥大学哥特式建筑群、1844 年竣工的坎伯威尔圣吉尔教堂（S.Giles，Camberwell）、1856 年竣工的牛津爱克赛特礼拜堂（Exeter College Oxford）、1869 年竣工的剑桥大学圣约翰书院礼拜堂（St.Johns College Chapel），以及 1873 年竣工的伦敦圣潘克拉斯旅馆与车站（S.Pancras Hotel and Station Block）等作品。斯科特也许没有来过中国，他只是完成了圣三一堂的设计图纸，最终由苏格兰建筑师威廉·凯德纳（William Kidner）于 1865 年根据斯科特的设计方案修改完成，由番汉营造厂承建。

1869 年圣三一堂竣工时曾经举行过盛大的典礼。1893 年，在教堂边上加建了一座钟楼，其设计者为斯科特的学生科瑞（John M. Cory）。1966 年钟楼被毁掉尖顶，后来被修复。

圣三一堂 九江路 201 号

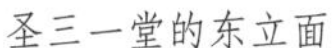
圣三一堂的东立面

圣三一堂在汉口路的入口

九江路同仁医院 九江路219号 建于1928年，哥特复兴式建筑风格，原为圣三一堂的附楼。1937年8月13日，日本侵略军进攻上海，位于虹口的同仁医院（塘沽路159号）搬迁至圣约翰大学校园内，同年12月又搬迁至九江路219号英国男童公学，成为同仁医院第一医院。1947年，同仁医院第一医院迁至圣约翰大学内。1957年，同仁医院划归为上海长宁区成为长宁区同仁医院。这座具宗教色彩的建筑后来作为黄浦区区委的用房，现为中国基督教协会使用。

九江路同仁医院 九江路219号

九江路同仁医院的主入口

聚兴诚银行大楼 江西中路 250 号

聚兴诚银行大楼 江西中路 250 号 设计于 1935 至 1937 年，因抗日战争爆发，大楼建造没有完工，只建到 4 层。原设计为 14 层，钢筋混凝土结构，现代风格并融入中式元素。1988 年，该大楼在改建中将 5 层以上的建筑建造完成，但是并没有按照原设计图纸建造顶部的中国式的 3 层亭子，而是做了很大的简化。聚兴诚银行总部设于重庆，此大楼为聚兴诚银行上海分行。

德律风公司大楼 江西中路 240 号 建于 1908 年，高 6 层，为钢筋混凝土框架结构的建筑，哥特式风格，新瑞和洋行设计。上海德律风公司（The Shanghai Mutual Telephone Company）是中国比较早的电报电话公司。时至今日，经过改建的这座大楼已经面目全非，所见已为现代式建筑。现为上海电话局。

德律风公司大楼
江西中路 240 号

工部局大厦 江西中路215号 图右的高层建筑为现已消失的工部局的火政处 原河南中路280号 （摄于2016年）

工部局大厦 江西中路215号 初建于1913年，竣工于1922年，由工部局建筑师特纳（R. C. Turner）设计，裕昌泰营造厂承建，钢筋混凝土结构，高3层，局部4层，1938年全部加建至4层。新古典主义建筑风格，占地面积13467平方米，建筑面积22705平方米。内有400多个办公室。底层的多个入口均采用塔司干柱式，东北转角的主入口设有十二柱门廊，为新古典主义门廊的典型，上海不多见，2至3层用爱奥尼克式半圆形壁柱列柱。建筑呈周边式布置，沿汉口路、江西中路和福州路三面半围合的内院曾经是万国商团的风雨操场。根据档案资料记载，工部局大厦原为四面围合的庞大建筑。中国人民真诚的朋友新西兰人路易·艾黎曾经在工部局火政处就职。1922年3月11日，法国霞飞将军在工部局举行公宴。1943年，上海租界退出后，汪伪、国民政府的市政府相继在此办公。1949年5月上海解放后，这里成为新政府的市政府大厦。1956年，市政府迁往外滩原汇丰银行大楼，之后，这里成为市政府所属财政局、劳动局、民政局的办公楼，还包括一家市政府的医院，风雨操场在不同时期增建了不少建筑，包括后来被烧毁的市府大礼

工部局大厦东北角

工部局大厦的南立面

堂。2019年10月，工部局大厦开始大规模整修，曾经的风雨操场仅保留了一座当年的卫生处的红砖建筑，沿河南中路的建筑被拆除，河南中路沿街将建造新的建筑，工部局百年建筑终将得以围合起来。

工部局卫生处 河南中路280号 建于1898年左右，英国安妮女王复兴建筑风格，在工部局大厦建立之前，这座被称为小红楼的建筑（在工部局内院）和小红楼北面（沿河南中路街面）的英式建筑老巡捕房（建于1866年）已经存在。1903年，沿街的老巡捕房被拆除，建造了一座4层文艺复兴风格的救火会，民国时期又拆除了这座4层的救火会重建了一座6层的工部局火政处，上海解放后在6层之上又加建了3层，成为上海消防局机关大楼、上海市消防总队黄浦支队所在地。2019年，这座9层的大楼被拆除，将建造一座长长的沿街建筑，使一百多年来没有围合起来的原工部局大厦得以实现建筑的整体完整。

上海工部局卫生处小红楼 河南中路280号（摄于2022年7月31日）

浙江第一商业银行 江西中路 222 号

浙江第一商业银行 江西中路 222 号 建于 1948 年 11 月，竣工于 1951 年 9 月，由李鸿儒建筑师事务所设计。外立面采用了现代主义手法，横向玻璃内凹长窗，外墙褐色釉面砖贴面，只有底层和夹层用石料贴面。浙江第一商业银行前身为官商合办浙江银行，1910 年创办，1911 年改组为中华民国浙江银行，1912 年改组为浙江地方实业银行。1923 年官商分营，上海、汉口划归商股，设浙江实业银行，1948 年改组为浙江第一商业银行。现为华东建筑设计研究院使用。

金城银行 江西中路 200 号

金城银行大楼 江西中路 200 号 竣工于 1927 年，中国著名建筑师庄俊设计，申泰兴记营造厂承建，钢筋混凝土结构，立面对称且用苏州产的花岗岩砌筑，新古典主义建筑风格，占地面积 1775 平方米，建筑面积 9783 平方米。入口两侧为多立克立柱，入口上部雕刻着金城银行的龙、凤和斧头的行徽，底层的营业大厅玉砌雕栏，华丽无比。营业大厅的 2 楼至今保留着 1200 个保管箱。大楼竣工后，庄俊将自己的事务所设置在大楼的 305 室。金城银行由周作民创建于 1917 年，总行设于天津，为当年享誉中国的“北四行”之一。“北四行”是指金城、盐业、中南和大陆银行。1952 年，金城银行参与公私合营，加入了银行合并组成的公私合营银行。1956 年，金城大楼改为上海市青年宫。1958 年 2 月 18 日对外开放，设有讲座厅、展览厅、图书馆、阅览室、小剧场、电影院和音乐、舞蹈、美术活动室。1968 年因“文革”关闭，这座建筑蹉跎了一段岁月。1974 年 10 月市青年宫迁往西藏南路的“大世界”，这里成了江西中路 200 号招待所。1980 年代又成了福州饭店。1986 年，这座典型的银行大楼才恢复了它本来金融大楼的面目，成为中国交通银行总管理处和上海分行办公楼。

金城银行的主入口

金城银行营业大厅

建设大厦（Development Building） 江西中路 181 号 竣工于 1936 年，高 17 层，装饰艺术派建筑，新瑞和洋行设计，与周边的汉弥登大楼及都城饭店外貌相像，初建时为中国通商银行投资，华商镶记营造厂承建，竣工前转卖给中国建设银行。竣工后，美国驻沪领事馆曾经租用其东部的楼层。1952 年起，上海市冶金工业局和上海市公安局租用。

都城饭店（Metropole Hotel） 江西中路 180 号 竣工于 1934 年，公和洋行设计于 1929 年，高 14 层，占地面积 1331 平方米，建筑面积 10540.2 平方米，采用深桩施工和全钢结构体系，8 层以上退台处理，形成装饰艺术派的高耸感，与对面的汉弥登大楼为布局对称、立面相同的姐妹楼，主入口底层的外墙以花岗石饰面，顶层、塔楼的檐部等处有装饰艺术派的图案。底层门厅内的旋转门上留有沙逊家族灵缇犬族徽。都城饭店由新沙逊洋行属下

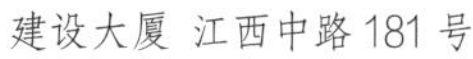

建设大厦 江西中路 181 号

都城饭店 江西中路 180 号

的华懋地产公司投资建造并于 1935 年开业，内有客房 120 间，床位 400 余张，其地下室的酒吧为当年上海颇具社会知名度的公共活动场所。地下室酒吧拥有红砖墙的拱券、玻璃花窗和实木梁架护壁，还保留着 1930 年的啤酒桶，现为酒店健身房。1930 年代，银行家们经常在都城饭店聚会。茅盾的长篇小说《子夜》即是在都城饭店仔细观察银行家聚会时的情形和倾听他们的交流后所创作的作品。1964 年都城饭店改名为新城饭店。如今的都城饭店已更名为锦江都城经典上海新城外滩酒店。

都城饭店地下室酒吧

都城饭店入口的三个半圆拱内凹门洞

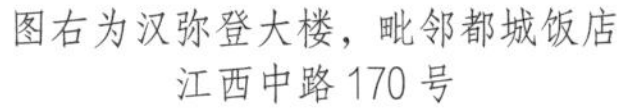

图右为汉弥登大楼，毗邻都城饭店
江西中路 170 号

公共租界总巡捕房 福州路 185 号

汉弥登大楼（Hamilton House） 江西中路 170 号 建于 1931 年，竣工于 1933 年，高 14 层，现代派大楼，公和洋行设计，装饰艺术派风格，投资人是新沙逊洋行属下的华懋地产公司。这座大楼除了汉弥登公司进驻外，还进驻过可口可乐公司、福特公司和美国新闻处。1959 年后改名福州大楼，为多家公司租用。

公共租界总巡捕房 福州路 185 号 工部局巡捕房是在 1854 年设置的，最早的捕房位于今福州路河南中路交叉的东北角上（建筑已经消失），即工部局大厦内院的小红楼卫生处位置。1894 年在今日福州路 185 号建造了 1 栋高 4 层的文艺复兴样式的总巡捕房。1932 年，总巡捕房推倒重建并于 1935 年竣工，即为我们今天所见的 10 层的现代派围合式建筑，内有天井。现为国家安全局。

五洲大楼 福州路 221 号 竣工于 1935 年，通和洋行设计，新金记营造厂承建，占地 1139 平方米，建筑面积 8366 平方米，装饰艺术派建筑。1907 年，商务印书馆创办人夏粹芳、中法药房老板黄楚九和药剂师谢瑞卿集资开办了五洲药房。1911 年，项松茂出任五洲药房总经理。1916 年 6 月，黄楚九退出五洲药房，至此五洲药房大权落到项松茂手中。五洲药房以生产和销售“固本”牌肥皂和“人造自来血”两大拳头产品为主。经过多年发展，五洲药房品牌已与洋品牌势均力敌。1931 年“九一八”事变后，项松茂在企业内部组织了一营义勇军，他自任营长，聘请黄埔军校毕业的教官来指导军训，每天下班后训练一小时，准备抗日御侮。1932 年 1 月 30 日，日军抓走五洲药房店员，1 月 31 日晨，项松茂与店员 11 人被惨遭杀害。项松茂遇难后，五洲董事会推其长子项绳武继任总经理。

五洲大楼 福州路 221 号

美国总会大楼 福州路 209 号 竣工于 1925 年 8 月，邬达克设计，新仁记营造厂承建，褐色砖墙贴面，白色水泥勾缝，高 6 层，占地面积 916 平方米，建筑面积 6753 平方米，主入口有 2 根塔司干立柱，门厅为大理石铺设的双跑楼梯，非常华贵和精致，1 楼和 2 楼设酒吧、弹子房、扑克室和休息室，3 楼以上为客房。美国总会为俱乐部会员制，其前身为美国人在上海的桥牌俱乐部，会员多为美商洋行或花旗银行的高级职员。现为上海市高级人民法院和中级人民法院。

美国总会大楼 福州路 209 号

美国总会大楼的门厅

谦信大楼 江西中路 138 号

谦信大楼的入口

谦信大楼 江西中路 138 号 竣工于 1907 年，高 4 层，砖木结构，德商谦信洋行自行设计，主入口的石砌非常经典。谦信洋行主营染料业务，于 19 世纪末进入中国。1905 年，中国人周宗良进入谦信洋行，并在谦信洋行获得第一桶金，成为上海大资本家。1910 年原买办姜炳生让位于周宗良。周宗良的旧居在宝庆路 3 号。姜炳生的旧居在淮海中路 796 号。谦信洋行的染料经营使得其周边聚集了众多的染料公司，至今都还有染料公司在周边经营。

泗泾小区 江西中路 135 弄 泗泾路的东端在江西中路，西端在河南中路，为一条短小的马路，其南面是上海文物商店，北侧则是泗泾路上今日的泗泾小区。建于 1911 年的泗泾小区有砖木结构的红砖建筑 7 栋，都是高 3 层的民居，单体为回字形的合院式布局，为安妮女王复兴建筑风格。当年在外滩洋行里办公的外籍职员会选择住在泗泾路，后来，公共租界在西区质量上乘的民居越来越多，这些职员陆续搬离，这里逐渐成为在周边化工染料公司工作的中国职员的宿舍。

泗泾小区 江西中路 135 弄 1–13 号

上海古玩市场 广东路212–246号 1860年代，在广东路与江西中路一带，曾有一家怡园茶楼，茶客的玉石佩件、茶具和玩赏用的艺术物件在此相互鉴赏和交换，逐步形成茶楼的古玩交易市场，后有众多的地摊在马路上交易，因常有外国人来此选购而使得交易十分活跃，当时以希腊人居多，他们在黄浦江的海船靠岸后会步行于此进行交易。1921年商人王汉良集资在广东路191号（建筑已经消失）开设中国古玩市场，后来这里被称为老市场（建筑已消失）。1934年在广东路218–226号（现广东路212–246号）扩建了一座新的古玩市场，被称为新市场。解放后，在新市场成立了上海文物商店，“文革”期间文物商店停业。1977年恢复营业。1998年上海文物商店进行改扩建使用至今。

上海古玩市场 广东路212–246号

第6站

北外滩

北外滩沿黄浦江景色

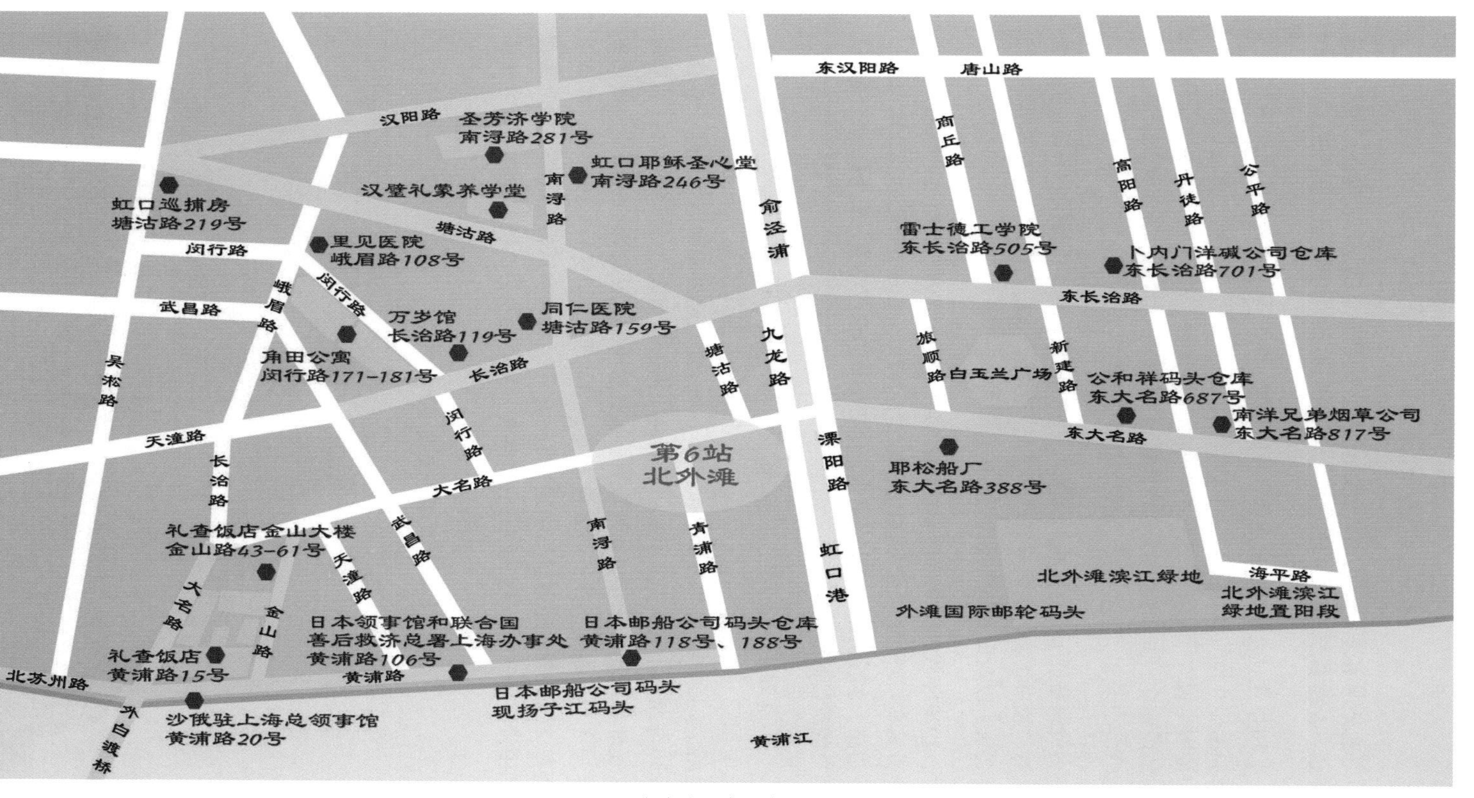
东汉阳路
唐山路
汉阳路
圣芳济学院
南浔路281号
虹口耶稣圣心堂
南浔路246号
汉璧礼蒙养学堂
虹口巡捕房
塘沽路219号
南浔路
俞泾浦
商丘路
高阳路
丹徒路
公平路
雷士德工学院
东长治路505号
卜内门洋碱公司仓库
东长治路701号
塘沽路
闵行路
里见医院
峨眉路108号
东长治路
武昌路
峨眉路
闵行路
万岁馆
长治路119号
同仁医院
塘沽路159号
吴淞路
角田公寓
闵行路171-181号
长治路
塘沽路
九龙路
旅顺路
白玉兰广场
新建路
公和祥码头仓库
东大名路687号
南洋兄弟烟草公司
东大名路817号
天潼路
闵行路
第6站
北外滩
溧阳路
耶松船厂
东大名路388号
东大名路
长治路
大名路
礼查饭店金山大楼
金山路43-61号
武昌路
南浔路
青浦路
虹口港
北外滩滨江绿地
海平路
北外滩滨江
绿地置阳段
大名路
天潼路
金山路
日本领事馆和联合国
善后救济总署上海办事处
黄浦路106号
日本邮船公司码头仓库
黄浦路118号、188号
外滩国际邮轮码头
礼查饭店
黄浦路15号
黄浦路
北苏州路
日本邮船公司码头
现扬子江码头
外白渡桥
沙俄驻上海总领事馆
黄浦路20号
黄浦江

北外滩漫步示意图

北外滩南起苏州河与黄浦江交汇处，北到海宁路与周家嘴路，西至河南北路，东到大连路。

1845年，美国圣公会主教文惠廉率领一群广东籍教徒从广州抵达上海，他们最初开拓的地方即今天的东大名路、吴淞路和塘沽路一带。文惠廉在虹口港附近设立了最早的楼舍和耶稣堂。1848年，美租界在苏州河北岸的虹口地段建立，当时的范围为河南路桥至提篮桥沿黄浦江和苏州河的三角地带。1863年，美租界与英租界合并后成为公共租界。

黄浦路位于外白渡桥的北堍，它沿江而筑，当年的德国领事馆、美国驻上海总领事馆及邮局的建筑已不存在，但是，我们仍然可见日本领事馆的红砖建筑，以及日本邮船公司码头的仓库建筑。

1920年代初，北外滩黄浦江边的码头已经成为中国航运的枢纽，至今能看见高阳路码头、公和祥码头和卜内门洋碱公司的仓库建筑。在南浔路、塘沽路、东长治路和东大名路上，历史建筑的遗产不少，成为我们追溯虹口历史的重要一章。

礼查饭店 黄浦路15号 礼查饭店（Richard's Hotel and Restaurant）是中国第一家由外商投资的西式饭店，由苏格兰商人礼查（Peter Felix Richards）于1846年在洋泾浜南岸（今金陵东路外滩附近）创建。礼查于1840年抵达上海，是近代第一批抵达上海的外国人之一。1858年，礼查饭店迁址于此。1861年，礼查饭店被出售给英国人史密斯，史密斯将饭店更名为Astor House，并于1876年扩建，增加了50间房间。1903年，礼查饭店在2层的黄浦路老楼后面建造了一座3层的砖木结构的大楼，即为现在的中楼。1906年，通和洋行的布莱南·艾特金森为2层的礼查饭店老楼作

礼查饭店 黄浦路15号

金山路上的礼查饭店立面 图右起依次为金山大楼、礼查饭店中楼（白色建筑）、礼查饭店金山路楼

礼查饭店的孔雀厅

扩建设计。1910 年，2 层的礼查饭店老楼被拆除重建，其设计由新瑞和洋行在原通和洋行的设计基础上进行，为新古典主义建筑风格，周瑞记营造厂承建，并于 1912 年竣工。1914 年，大名路建造了一座 1 层的商铺建筑，1917 年加建为 4 层的大楼。1917 年由西班牙建筑师乐德福（Abelardo Lafuente）设计了上海曾经非常著名的孔雀厅舞厅。孔雀厅是黄浦路主楼底层大厅北面的延伸建筑，于 1922 年竣工。孔雀厅的竣工标志着礼查饭店的布局全部完成，也为我们今日所见的五个部分的构成，南有黄浦路主楼、西有大名路楼、东有金山路楼及中楼，以及被围合在中间处的孔雀厅。这里是中国第一盏电灯点亮的地方。1927 年 4 月至 5 月，周恩来曾在礼查饭店隐蔽。1949 年礼查饭店曾经出租给美国海军俱乐部，1950 年归还英商。1959 年由上海市政府接管改名浦江饭店。2018 年 12 月，上海证券博物馆在此揭牌成立。

礼查饭店金山大楼 金山路 43-61 号

礼查饭店金山大楼 金山路 43-61 号

建于 1908 年的清水红砖和青砖混合的建筑，平面呈 V 形，立面在金山路大名路三角形半围合，6 层砖木结构，双坡屋顶，内部楼梯木质，楼梯扶手雕刻精美，初始为礼查饭店，每层有 28 间客房，内院有长长的走道。1937 年由新瑞和洋行将 1 和 2 层作为商铺及辅助用房使用。1945 年后改为民居。

沙俄驻上海总领事馆 黄浦路 20 号 位于外白渡桥边，是一座有着绿色尖顶瞭望塔的 3 层白色建筑，孟莎式屋顶，折衷主义风格。设计师为德籍建筑师汉斯·埃米尔·里勃（Hans Emil Lieb），承建商为周水记营造厂。竣工于 1916 年，见证了从沙俄到苏联、再到俄罗斯联邦的岁月更迭。沙俄驻上海总领事馆在 1969 至 1985 年被改为海员俱乐部。1986 年 10 月苏联驻上海总领事馆在此复馆，1991 年后这里更名为俄罗斯驻上海总领事馆。

沙俄驻上海总领事馆北面 2 楼 房间的壁炉

沙俄驻上海总领事馆 黄浦路 20 号

沙俄驻上海总领事馆北面 2 楼房间的木制天花板和护墙

日本领事馆和联合国善后救济总署上海办事处 黄浦路 106 号 1871 年，这里是日本驻沪领事馆建立之地，其西侧为美国驻沪领事馆（建筑已消失）。1910 年代中期，日本决定将旧的领事馆拆除重建。1911 年由日本建筑师平野勇造设计的南北两座红砖建筑落成，这 2 栋 3 层的建筑，都有连续的拱券廊，其外观相似，立面上的红砖和白色大理石相得益彰，屋顶为孟莎式，入口非常庄重，第2层设有爱奥尼克壁柱。淞沪抗战期间，国民党空军和海军几次袭击日本领事馆都没有成功，空袭的炸弹误炸了南京东路外滩和大世界游乐场。南座的红楼在1945年之后不再是日本领事馆，1949年之后为军队的招待所，1990年代，著名建筑师登琨艳带着全新的建筑理念来到上海住进这里的顶层很多年，并为上海的老房子改造和更新做出了贡献。北座的红砖楼在1941年被拆除并在原地建起了一座灰色的6层大楼。1945年，北座进驻了联合国善后救济总署上海办事处。1949年新中国成立之后，办事处逐步撤离，后来被称为黄浦大楼。

日本领事馆 黄浦路106号

联合国上海办事处 黄浦路106号（背后的红砖楼为日本领事馆）

日本邮船公司码头（扬子江码头）仓库 黄浦路118号、188号

沿黄浦江的日本邮船公司码头（俗称东洋公司码头或三菱码头）为1945年前上海最大的客运码头，总岸线长270米，位于黄浦路的南侧江岸，有仓库8座，总面积33600平方米。1865年，日本三菱邮船公司收购了美国太平洋邮船公司在上海的码头，这个码头便被称为三菱码头。1875年，三菱邮船公司和日本邮船会社合并，这里便更名为日邮中央码头。1907年，多家日本船运公司联合成立日清汽船会社，垄断内河、长江航运，以及近海的海运。1945年后，日本邮船公司码头被作为敌产没收，后为中国海军后勤部使用，为军舰停靠的码头。如今，随着北外滩沿江岸线的贯通和综合改造提升工程的竣工，当年的日本邮船公司码头已经成为国际重量级会议和文化中心的“世界会客厅”。“世界会客厅”由3栋会议楼组成，其中2栋红青相间的清水砖墙大楼为2座码头的百年旧仓库改建而成，其地址为黄浦路118号和黄浦路

日本邮船公司码头仓库 黄浦路118号、188号

日本邮船公司码头两座百年仓库的南立面

日本邮船公司码头两座百年仓库的北立面

188号。这2座仓库始建于1902到1903年，美昌洋行建筑师施美德利设计，为三菱码头时期的建筑遗存。

耶松船厂 东大名路388号 竣工于1908年，高5层，外墙贴红砖，俗称小红楼，其顶部的退台设计是当年罕见的样式，而在西侧的翘角塔亭为中国式建筑形式，入口的圆洞门和雨棚为典型的中国式入口。耶松船厂的前身为美国商人的泥船坞，被称为“新船澳”（New Dock），1865年，“新船澳”卖给了英商佛南（S. C. Farnhan），开设耶松船厂（S. C. Farnhan & Co.），成为一家大型修船与造船厂。1884 年，耶松船厂所造的“源和”号轮船下水，载重 2000 吨，为远东所造最大的一艘商船。1936 年，耶松船厂和瑞镕船厂合并，改组为上海英联船厂股份有限公司（Shanghai Dockyards Limited）。1937 年，英联船厂被日本人占用。1945 年抗战胜利后英联船厂回归。1954 年，英联船厂和上海船舶修造厂合并为上海船舶修造厂，小红楼为民生轮船公司使用。1964 年上海远洋运输公司在小红楼成立，并设立了上海国际客运码头。

耶松船厂 东大名路 388 号

耶松船厂的塔楼

耶松船厂的中国式入口

雷士德工学院 东长治路 505 号 竣工于 1934 年，占地面积近 19900 平方米，共有 4 栋建筑，其中的主建筑为教学大楼。教学大楼由德和洋行设计，久泰锦记营造厂承建。教学大楼平面呈蝶形，中轴五层有穹顶，两翼一侧 3 层，另一侧 4 层，属英国哥特复兴建筑风格。其外立面上有不少盾徽、齿轮、显微镜、圆规、天平等图案作为装饰元素，凸显学校的工程技术特色，略呈装饰艺术派风格。1942 年曾经被日本人占为东亚工学院。从 1934 年竣工至 1945 年停办，雷士德工学院仅经历了 10 年的土木工程的教学。英国建筑师亨利・雷士德是一位成功的地产商和慈善家，他于 1867 年从英国来到上海，然后在上海开创了第一家设计师事务所德和洋行，并经营地产业务。1926 年雷士德逝世后，根据他的遗嘱，将他庞大的资产转为亨利・雷士德基金会。雷士德工学院便是雷士德基金会资助建造的学院。雷士德工学院于 1955 年改为上海海员医院。2022 年对建筑进行维修改造。改造后的雷士德工学院将变身为上海创新创意设计研究院。

雷士德工学院 东长治路 505 号

公和祥码头仓库 东大名路 687 号 建于 1929 年，高 5 层，谢隆洋行设计。沿街一字排，底层为外廊式，竖向构图，顶部有装饰性山墙，花岗岩砌外墙，属新古典主义与现代风格融合的建筑，是英商公和祥码头公司的堆栈及仓库，公和祥码头公司从 1875 年起以顺泰虹口码头为基础发展起家，公司资产从 20 万增至 360 万银两。太平洋战争爆发后为日军接管。新中国成立后，公和祥码头公司将其转让给中国外轮代理公司。

公和祥码头仓库 东大名路687号

卜内门洋碱公司仓库 东长治路701号 建造年代不详，是由2栋房子组成的仓库建筑，一栋为6层砖混结构，一栋为3层砖木结构，2栋建筑呈L形平面布局，内有一部百年电梯。

卜内门洋碱公司仓库 东长治路701号

南洋兄弟烟草公司（高阳大楼） 东大名路817号 建于1905年，钢筋混凝土结构，对称的塔楼带有东南亚庙宇的样式，外立面呈灰白色，高5层，总建筑面积14344平方米，纵向三段，左右对称，1918年成为南洋兄弟烟草公司的办公楼。广东人简照南、简玉阶兄弟于1906年在香港创办南洋兄弟烟草公司，1918年将公司迁址于此成为南洋兄弟烟草公司的本部。南洋

南洋兄弟烟草公司 东大名路 817 号

南洋兄弟烟草公司主入口的立柱

兄弟生产的飞马、双喜等品牌的香烟获得很好的口碑。1955 年，南洋兄弟烟草公司在公私合营后逐步成为国有企业上海卷烟厂。1981 年，上海市政府在香港注册设立了全资窗口公司上海实业有限公司，香港的南洋兄弟烟草公司成为上海实业有限公司旗下的成员企业。1996 年，南洋兄弟烟草公司经过重组，其资产进入上海实业控股有限公司。高阳大楼现以办公及出租商铺为主。

同仁医院 塘沽路 159 号

同仁医院 塘沽路 159 号 建于 1900 年左右，高 3 层，红砖外墙，英国安妮女王复兴建筑风格，初建时为同仁医局，1880 年更名为同仁医院，亦为圣约翰大学的附属医院。同仁医院为美国基督教圣公会教士、医学博士文恒理创办于 1866 年，是上海近代最早的西洋医院之一。抗日战争时期，同仁医院搬迁至九江路 219 号圣三一堂的附楼。

万岁馆 长治路 119 号 建于 1904 年，安妮女王复兴建筑风格，初始为日本人在此开设的万岁馆旅社，为日本人在上海的三大旅社之一。1921 年 3 月 30 日，日本作家芥川龙之介作为《大阪每日新闻》的特派员来到上海并下榻万岁馆。芥川龙之介的《上海游记》曾经提到过万岁馆，在上海他采访过章炳麟、郑孝胥和李汉俊。鲁迅曾经翻译了芥川龙之介的小说《罗生门》。

万岁馆 长治路 119 号

角田公寓（闵行大楼） 闵行路 171–181 号 闵行路 201–211 号 峨眉路 70–80 号 竣工于 1933 年，占地面积 700 余平方米，为英国人建造，钢框架结构，平面沿街以弧形布置，其背面连接着 3 栋 5 层建筑，闵行路和峨眉路的半弧形转角后加建为 7 层，2 至 4 层的外立面有褐色面砖贴面，南端的闵行路 171–181 号楼的顶部檐下有装饰性图案，大楼整体为现代主义建筑风格，略呈装饰艺术风格。后因日本人角田经营此处的物业而被称为角田公寓。1933 年之后，对面的万岁馆旅社便迁移进来了。1970 年代下半叶至 1982 年，画家及作家木心居住于此，位于长治路和闵行路转角的 2 楼，即闵行路 171–181 号楼的 2 楼。

角田公寓 闵行路 171—181 号

角田公寓 闵行路 201—211 号

角田公寓沿闵行路和峨眉路的转角

里见医院 峨眉路 108 号 建于 1910 年，2 栋英式红砖建筑，曾经是日本人开设的医院。1921 年 3 月，日本作家芥川龙之介访问上海时，曾经在这里请医院看病。

里见医院 峨眉路 108 号

圣芳济学院 汉璧礼蒙养学堂 南浔路 281 号 1874 年 9 月 21 日，法国教会在江南传教的天主教耶稣会神父在公馆马路和孟斗班路口（今金陵东路和四川南路口）开设了圣芳济学堂，当时仅教室两间。圣芳济学堂建校 10 周年之际，南浔路新校舍竣工，遂乔迁至今我们依然可见的 4 层法式 L 形大楼，学堂更名为圣芳济学院（St. Francis Xavier's College）。1945 年，圣芳济学院定延安中路福煦坊（延安中路 1157 弄 40 号，建筑现已不存）为学院总校。圣芳济学院于 1947 年更名为上海市私立圣芳济中学。1950 年更名为时代中学。1952 年 3 月正式定名为私立时代中学，分总校与分校，延安中路为总校，南浔路为分校。时代中学于 1953 年改为公立，南浔路分校易名为北虹中学，现为北虹高级中学。延安中路总校继续使用时代中学校名，后因建造延安饭店而被拆除。如今的时代中学在武定路 476 号。现在的北虹高级中学内除了圣芳济学院旧址外，其对面的棕色 6 层教学楼为汉璧礼蒙童养学堂的遗址。汉璧礼（Sir Thomas Hanbury）于1853年来到上海经商，后创办了著名的汉璧礼洋行，成为英籍富商。1871年，汉璧礼捐资扩建拥有10间房屋的欧亚混血儿学校（即“Eurasia School”，一译尤来旬学校）。1882年，汉璧礼提出以只收欧亚混血儿及以其名字命名为条件，将所办学校赠给工部局，工部局以还不具备接收条件为由予以回绝，但开始对该学校实行年度资助。1889年，将欧亚混血儿学校与新成立的“幼儿之家”的幼儿园合并，成立“汉璧礼蒙养学堂”，并把学校移交工部局管理。1890年，公共租界工部局接收该学堂，改为“公立暨汉璧礼西童公学”，成为工部局第一所局立公学。上海解放后，这里成为虹口区第一中心小学，2005年被并入北虹中学。

圣芳济学院 南浔路281号

圣芳济学院的西北立面

北虹中学的教学楼为汉璧礼蒙童养学堂的遗址 其背后的玻璃高楼为三角地菜场的遗址

虹口耶稣圣心堂 南浔路 246 号 建于 1870 年，初始为葡萄牙籍船员和外侨宗教活动的小教堂。1874 年扩建，由法国耶稣会投资兴建，1876 年竣工，西班牙建筑风格，为公共租界第一座天主教堂，由洋泾浜天主堂（圣若瑟天主堂，四川南路 36 号）神父管辖。虹口耶稣圣心堂全称救世耶稣至圣至心堂，简称虹口天主堂。1937 年之后，这里以日本人、犹太人和葡萄牙人为主。1945 年后，虹口天主堂的教徒逐步减少。1949 年后宗教活动正常开展，其主要为中国教徒。“文革”期间被浦光电表厂占用并将教堂拆除改为厂房。1982 年，上海教区将旧址南侧原天主教俱乐部礼堂改建为虹口圣心堂，恢复宗教活动。

虹口耶稣圣心堂 南浔路 246 号

虹口巡捕房 塘沽路 219 号 1875 年，公共租界工部局决定在此建造巡捕房，1878 年巡捕房办公楼、宿舍和牢房竣工，当时有牢房 8 间，西籍巡捕 20 名，华籍巡捕 40 名。1890 年，因增加了印度籍巡捕 20 名和华籍巡捕 46 名而在牢房上增建了宿舍。1908 年在主楼的东面建一栋 3 层楼房。1912 年对 3 层楼房进行了扩建（现已消失）。1937 年在吴淞路和塘沽路转角建造了一座 8 层的弧形高楼，即为我们今日所见。现为公安大楼。

虹口巡捕房 塘沽路 219 号

第7站

四川北路

1 2 3 4 5 6 7

新亞
GOLDEN TULIP
中共四大
纪念馆
1km
海宁路
Haining Rd
河南北路
吴淞路
Wusong Rd
天潼路

四川北路街景

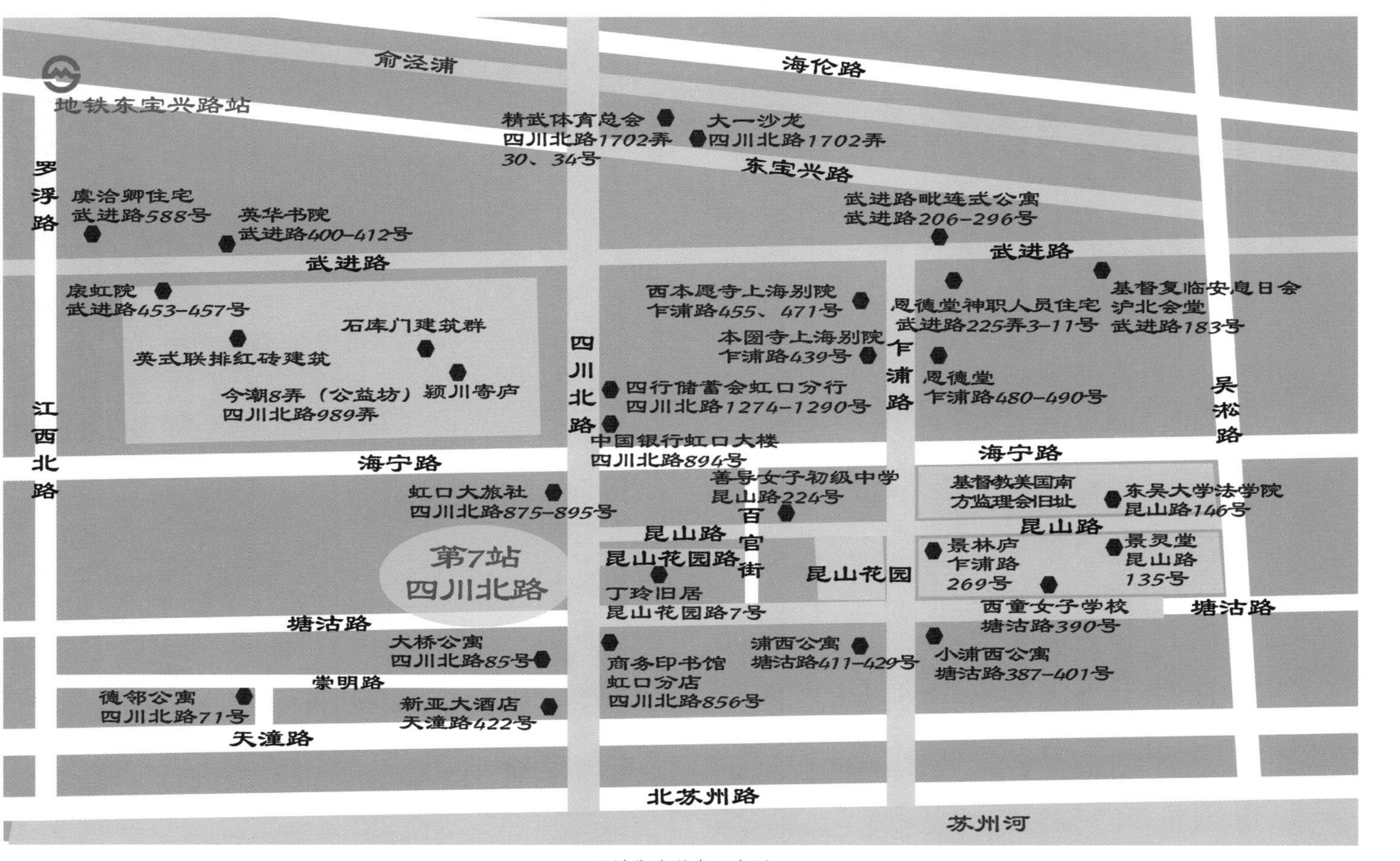
俞泾浦
海伦路
地铁东宝兴路站
精武体育总会
四川北路1702弄
30、34号
大一沙龙
四川北路1702弄
东宝兴路
罗浮路
虞洽卿住宅
武进路588号
英华书院
武进路400-412号
武进路眦连式公寓
武进路206-296号
武进路
康虹院
武进路453-457号
石库门建筑群
英式联排红砖建筑
今潮8弄（公益坊）
颍川寄庐
四川北路989弄
西本愿寺上海别院
乍浦路455、471号
本圀寺上海别院
乍浦路439号
恩德堂神职人员住宅
武进路225弄3-11号
基督复临安息日会
沪北会堂
武进路183号
恩德堂
乍浦路480-490号
乍浦路
吴淞路
四川北路
四行储蓄会虹口分行
四川北路1274-1290号
中国银行虹口大楼
四川北路894号
江西北路
海宁路
海宁路
虹口大旅社
四川北路875-895号
善导女子初级中学
昆山路224号
基督教美国南
方监理会旧址
东吴大学法学院
昆山路146号
百官街
昆山路
昆山路
第7站
四川北路
昆山花园路
丁玲旧居
昆山花园路7号
昆山花园
景林庐
乍浦路
269号
景灵堂
昆山路
135号
西童女子学校
塘沽路390号
塘沽路
塘沽路
大桥公寓
四川北路85号
商务印书馆
虹口分店
四川北路856号
浦西公寓
塘沽路411-429号
小浦西公寓
塘沽路387-401号
崇明路
德邻公寓
四川北路71号
新亚大酒店
天潼路422号
天潼路
北苏州路
苏州河
四川北路漫步示意图

四川北路南起北苏州路，北至黄渡路，全长3700米，修筑于1904年，初名北四川路，1946年更为今名。这是一条在上海具有很高知名度的商业街，其南段紧邻苏州河，为当年的上海公共租界范围。

19世纪晚期，一些犹太人、日本人、朝鲜人陆续迁来上海，他们大多在如今四川北路的北段或提篮桥一带驻扎，而随美国圣公会主教文惠廉抵沪的广东教徒的后代则在四川北路的南段扎营。四川北路南段与北段逐步形成了一条繁荣的商业街，时尚的电影院和商铺林立，逐步取代了美租界时期和公共租界初期曾经教堂、学校、菜场聚集的吴淞路、塘沽路一带的商业地位。

1920至1930年代，四川北路的南段成为大量的文艺青年驻扎地，这和商务印书馆在此设立虹口分店，以及鲁迅参与发起的左联文化运动有关。如今的“今潮8弄”即是当年的广东人聚居地公益坊。戴望舒、施蛰存等文艺青年曾经在公益坊创办杂志和出版社。

四川北路周边的乍浦路是历史上日本人聚集之地，如今依然可见西本愿寺留存的建筑，而在昆山路上，当年的基督教美国南方监理会旧址至今可以寻觅到一丝痕迹。

新亚大酒店 天潼路422号 竣工于1934年1月，高8层，装饰艺术派风格，是经营粤菜的大饭店，由五和洋行英国建筑师设计，桂兰记营造厂承建，主楼占地面积1733平方米，附楼占地面积133平方米，建筑面积共计15900平方米。当年，新亚大酒店的广东早茶赫赫有名，设于底层和7层，以及8层的露天花园。

新亚大酒店 天潼路422号

德邻公寓 四川北路 71 号

德邻公寓 四川北路 71 号 竣工于 1935 年，五和洋行设计，怡昌泰营造厂承建，钢筋混凝土结构，现代派建筑风格，兼古典主义风格，主入口的大厅为装饰艺术派设计风格。德邻公寓在民国时期曾经居住过报人和作家张恨水。张恨水著有《金粉世家》和《啼笑因缘》。1935 年，张恨水与友人张友鸾一起在德邻公寓居住了 3 个月。张恨水在上海的另一个旧居为宁波路 587 弄 5 号。1947 年之后德邻公寓为信谊药厂用房。现为商务楼。

大桥公寓 四川北路 85 号 竣工于 1935 年，装饰艺术派建筑风格，钢筋混凝土结构，中部 8 层，两翼 7 层。1937 年被日本司令部占用。1942 年，地下党人李白在建国西路被抓捕后就关押于此。太平洋战争爆发后，上海的一些外侨也被关押在这里，他们称这里为集中营。1947 年之后成为中国银行职工宿舍。后为民居。

大桥公寓 四川北路 85 号

大桥公寓入口的楼梯

大桥公寓入口的地坪图案

商务印书馆虹口分店（现 1925 书局） 四川北路 856 号 建于 1923 年，通和洋行设计，沿街店铺建筑，自 1925 年 3 月商务印书馆虹口分店开店后一直持续到今天，是一家历史悠久的书店。1925 年 5 月，陈云担任商务印书馆工会委员长，领导商务印书馆工人参加上海工人大罢工。陈云在此工作的时间为 1925 至 1927 年。鲁迅当年常常到这里领取商务印书馆出版著书的稿费。

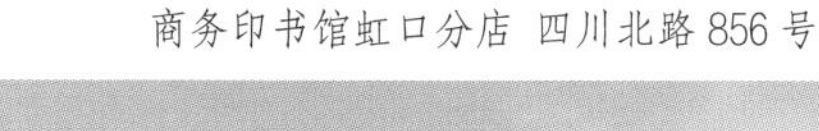
商务印书馆虹口分店 四川北路 856 号

丁玲旧居 昆山花园路 7 号 建于 1920 年代初期，是虹口区较常见的红砖安妮女王复兴风格的建筑，连续的券窗、天窗和屋顶山花墙引人注目。丁玲就读于上海大学中国文学系，1932 年加入中国共产党，任左联党团书记。1933 年 2 月，丁玲住进了昆山花园路 7 号 4 楼的一个房间，建筑面积 30 平米，这里亦是共产党的秘密联络点。1933 年 5 月 14 日上午，丁玲在这里被国民党特务绑架囚往南京。1936 年 9 月，在党组织的帮助下，丁玲逃离南京，奔赴陕北，开始了新的生活。丁玲是中国著名作家、社会活动家，著有《莎菲女士的日记》《太阳照在桑干河上》等作品。

丁玲旧居 昆山花园路 7 号

昆山花园路 6 号的转角

善导女子初级中学 昆山路 224 号 1893 年由天主教拯亡会创办，初名为善导女塾，英文名为 Institution of the Holy Family，专门招收女子入学。初始为培养小学生成为宗教服务人员。1922 年增设中学部。1927 年更名为善导女子初级中学。1952 年更名为上海第五女子中学。1966 年更名为上海市第五中学。

善导女子初级中学 昆山路 224 号

基督教美国南方监理会旧址 海宁路、塘沽路、吴淞路、乍浦路的范围 1859年，基督教美国南方监理会委派林乐知（Young John Alien）抵达上海传教，随后，基督教美国南方监理会在昆山路一带建立了一个大牧区，其位置以昆山路为中心，北至海宁路，南至塘沽路，东至吴淞路，西至乍浦路，面积约40余亩。1882年，作为基督教美国南方监理会的大牧区，林乐知在昆山路与乍浦路的东北角创建了中西书院和基督教美国南方监理会在上海的第一座教堂。林乐知于1861年创办了上海第一家中文报纸《上海教会新报》。在上海传教几十年后，林乐知成为老上海基督教的宗教领袖、翻译家和教育家，先后为江南制造局和上海广学会译书。如今，在基督教美国南方监理会旧址上为众多的民居，以及景灵堂和东吴大学法学院旧址。

基督教美国南方监理会旧址 海宁路、塘沽路、吴淞路、乍浦路的范围

景林庐 乍浦路269号 昆山路141-177号 建于1923年，根据英文名Young John Alien Court直译为林乐知庭院。1922年基督教美国南方监理会在建造景林堂教堂时，同时建造了这座公寓，专供一些来沪传教的监理会传教士及其家族居住。景林庐为典型的外廊式建筑，具有英国安妮女王复兴风格。转角处的金色塔顶引人注目。现为民居。

景林庐 乍浦路269号

景灵堂（原景林堂） 昆山路135号 1922年，基督教美国南方监理会将林乐知的住宅拆除后新建了第二座教堂，1923年竣工，取名景林堂意为纪念林乐知。哥特式顶，红砖墙面，平面呈拉丁十字形。宋美龄曾经是这里的唱诗班成员。1930年，蒋介石在此受洗。宋美龄和蒋介石的婚礼也是在此举行的。现更名为景灵堂。

景灵堂 昆山路135号

景灵堂的彩色玻璃窗

东吴大学法学院教学楼 昆山路 146 号

东吴大学法学院 昆山路 146 号 前身为 1882 年由林乐知创办的中西书院。1911 年，因师资和经费问题，中西书院移至苏州的东吴大学，此地转身成为东吴大学第二附属中学及东吴大学法学科。东吴大学法学科创立于 1915 年，1927 年转变为东吴大学法学院。1952 年东吴大学法学院被撤销，法律系并入华东政法学院，会计系和昆山路校区并入上海财经学院（现上海财经大学昆山路校区）。

西童女子学校 塘沽路 390 号 竣工于 1894 年，砖木结构，高 1 层，外廊式，具有英国安妮女王复兴建筑风格，门楣有精致的巴洛克砖雕。西童女校的前身为中英混血儿尤来旬创办的尤来旬学校。尤来旬学校创办于峨眉路 356 号，时间约为 1869 年左右，现为北虹高级中学。1871 年，尤来旬学校在英国慈善家汉璧礼（现在的汉阳路曾经叫汉璧礼路）的资助下获得了 10 栋房舍用于师生教学和宿舍。1890 年，尤来旬学校正式移交公共租界工部局，随后，在塘沽路建新校，新校被命名为汉璧礼蒙养学堂，属于工部局西童学校。

西童女子学校 塘沽路 390 号

小浦西公寓 塘沽路387-401号 原名文监师公寓，建于1930年，业广地产公司投资建造，折衷主义建筑风格，钢筋混凝土结构，立面规整，沿塘沽路和乍浦路的转角以弧形处理，沿塘沽路北立面的3至6层设有外挑阳台，南立面楼道宽敞。原为7层建筑，后来加建2层。小浦西公寓的最早租客以英籍职员为主，太平洋战争爆发后被日本人占据。现为民居。

小浦西公寓 塘沽路387-401号

浦西公寓 塘沽路411-429号 蟠龙街26号 乍浦路199-215号 原名皮亚斯公寓，建于1930年，业广地产公司投资建造，呈围合式口字形平面布局，中间为天井，钢筋混凝土结构，高8层，现代派建筑风格，局部有新古典主义风格，转角弧形处理。这座四面围合的大体量建筑，其入口在蟠龙街26号。内院的空间并不大，长32米，宽10米，但采光良好，消防通道的长廊设置合理，5部电梯和四座楼梯方便居民出入。浦西公寓为当年比较高档的公寓，其租客以外侨为多，其中有相当部分是日本人租住。1977年加建了2层。

浦西公寓 塘沽路411-429号

浦西公寓的内院

虹口大旅社 四川北路 875-895 号

虹口大旅社 四川北路 875-895 号 竣工于 1927 年，高 7 层，具有装饰艺术风格，转角弧形处理，开窗规整，有秩序感，屋顶的平顶花园和塔楼为当年四川北路的观景点，楼下曾经是四川北路上著名的第七百货商店。现为泰州会馆。

中国银行虹口大楼 四川北路 894 号 1933 年竣工，中国建筑设计师陆谦受、吴景奇设计，中国银行上海分行投资，泰康行营造厂承建，钢筋混凝土结构，高 7 层，现代派建筑风格。原立面长达 100 米，转角的屋顶设有钟塔，屋顶有花园。遗憾的是，1990 年代在拓宽海宁路时，大楼的转角被切掉。今天我们所见的转角和塔楼为仿造原样复建。

中国银行虹口大楼 四川北路 894 号

四行储蓄会虹口分行 四川北路1274-1290号 建于1932年，由大陆、中南、金城和盐业4家银行投资建造，庄俊设计，周瑞记营造厂承建，建筑面积606平方米，高7层，现代派建筑风格。设计时为旅馆建筑，后改为银行职员的公寓，和中国银行虹口大楼并列，远看就是完整的一栋楼宇。

四行储蓄会虹口分行 四川北路1274-1290号

四行储蓄会虹口分行的楼梯

公益坊（今潮8弄） 四川北路989弄 竣工于1928年，粤籍房地产商陈其泽投资建造了石库门住宅公益坊，共有119个石库门住宅单元。如今，这个1920年代的老住宅区域在城市更新改造中已经成为综合集市、展览、艺术、文化演出等潮流元素的又一个新天地，因有8条弄堂而名为今潮8弄，其地理位置东至四川北路，南至海宁路，北至武进路，西至江西北路。四川北路975-987号和四川北路1297-1311号为公益坊的沿街老建筑，其中间的四川北路989弄为公益坊的主入口。在这块区域的改建中，公益坊的几条规整的石库门建筑（四川北路989弄35-59号）和颍川寄庐（建于1907年，四川北路989弄45号）大宅得以保留，并成为今潮8弄的主体景点。公益坊为当年鲁迅、陈赓、冯雪峰参加《前哨》杂志活动之地。公益坊原有多家出版机构，已知的有水沫书店（原公益坊16号）、辛垦书店和南强书局（原公益坊38号）。众多民国时期比较活跃的作家对这几家书店都有文字表述，遗憾的是公益坊拆除的一部分建筑即是这三家出版机构的所在地。水

今潮8弄（公益坊）四川北路989弄

今潮8弄内的英式联排红砖建筑

今潮8弄内的石库门建筑群

今潮8弄内的颖川寄庐

沫书店为1928年由戴望舒、施蛰存、杜衡、刘呐鸥创办，曾经出版胡也频所著《往何处去》和柔石所著《三姐妹》，以及戴望舒所著《我的记忆》。“一·二八”事变的战火使得水沫书店于1932年被迫关闭。辛垦书店由沙汀、杨伯恺、任白戈等人创办，曾经出版著名的《资本论大纲》等书籍。南强书局于1928年在公益坊成立，后成为潮汕籍和闽南籍的进步文艺青年聚集地，著名人物有左联作家柯柏年和马宁等。公益坊及周边为虹口区广东人的聚居地，其西北面的武进路393弄11–14号为3栋英式联排老建筑，根据规划，这里将由虹口区文史馆使用。

宸虹院 武进路453-457号 又名赵家花园，建于1920年代初期，占地5亩，砖木结构，平面长方形，为中西合璧的红砖建筑和中西式园林结合的私宅。宸虹院坐北朝南，南立面为主立面。主立面为弧形的设计，上下两层为连续的拱券连廊，其北立面位于沿街的武进路（原老靶子路）上。宸虹院主建筑的第一进和第二进相连，中间为天井，天井之上为设有八角的天棚，第二进和第三进为露天天井。宸虹院沿武进路的东北侧为赵岐峰公像堂，为赵家的祠堂。历史上有孙中山于1912年7月在宸虹院发表有关中国铁路建设演说的记载。1913年，中国近代政治家唐绍仪与吴维翘的婚礼在宸虹院举行。1945年之后，宸虹院为国民党空军使用，后为太平洋印刷公司、两江汽车运输公司、虹口区结核病防治所和上海台板配件厂使用。根据规划，改建后的宸虹院将变身上海文学博物馆。

图左为宸虹院 图右为赵岐峰公像堂 武进路453-457号

宸虹院的露天天井

英华书院 武进路400-412号 竣工于1892年的2栋有连续弧券的外廊式建筑，高3层，砖混结构，占地面积554平方米，均为方形平面。1893年，汉璧礼西童男校（汉璧礼蒙养学堂）在此交付使用，原来在塘沽路390号的工部局西童学校改为工部局西童女校。1913年，汉璧礼西童男校搬迁至四川北路2066号的教学大楼，这里成为英华书院的院址。英华书院是英国人创办的私立学校，以教中国学生英语而小有名气，后来，校长辞职，教学质量下降，逐渐失去优势。1937 年，这里被日本占领军使用，1945 年为国民党海军宿舍，1949 年上海解放后，这里作为托儿所使用。

英华书院 武进路 400-412 号

英华书院入口

虞洽卿住宅 武进路 588 号

虞洽卿住宅 武进路 588 号 建于 1911 年，高 3 层，红砖建筑，局部有古典建筑风格，略有安妮女王复兴风格，反映了那个流行红砖外立面的维多利亚建筑的潮流年代的审美倾向。当年为海上闻人虞洽卿的产业。虞洽卿是上海的富商大亨，年轻时为华俄道胜银行、荷兰银行的买办，后创办宁绍、鸿安及三北轮埠公司，历任上海总商会会长、宁波旅沪同乡会会长、公共租界工部局华董等职。

精武体育总会 四川北路 1702 弄 30、34 号 四川北路 1702 弄 30 号的精武大厦前身为精武“中央大会堂”，精武体育总会 1922 年由惠民路一带搬迁至此。四川北路 1702 弄 34 号建于 1919 年，为 2 层砖木结构的西式建筑，平拱门洞两旁为科林斯立柱，红砖墙立面，红瓦坡顶，精武体育总会于 1929 年进驻，现为尚存的精武体育总会旧址。1909 年冬，西洋大力士奥皮音在北四川路（现四川北路）上表演举重健美，蔑称华人为“东亚病夫”，并口出狂言要与华人较量。同盟会的陈其美邀请津门武林宗师霍元甲赴上海滩应战。但是，奥皮音等人不战而遁。陈其美等人即决定创办中国精武体操会。1910 年 6 月，爱国志士以霍元甲的名义在《时报》上刊登了建会消息。1910 年 7 月 7 日，在陈其美等人倡导下，中国精武体操会正式成立，霍元甲任武术总教练。1916 年，中国精武体操会更名为上海精武体育会。作为中国共产党的早期领导人之一，陈延年在 1918 年 12 月加入上海精武体育会，一年后，他与弟弟陈乔年受上海精武体育会会长霍守华资助，赴法国勤工俭学。精武会会员符保卢于 1936 年 6 月代表中国参加了柏林奥运会，他的项目为撑竿跳。他是第一个进入奥运会复赛的中国运动员。1943 年 7 月 8 日，符保卢在重庆巴县白市驿机场附近驾机训练时，于转弯时失速坠地，壮烈殉国。现在，34 号在改造后将改为精武旧址纪念馆，30 号为上海精武体育总会。

精武体育总会 四川北路 1702 弄 34 号

大一沙龙 四川北路 1702 弄 东宝兴路 125 弄 1–3 号 1932 年 1 月 28 日午夜，日本海军陆战队突袭上海闸北，中国军队第十九路军奋起抵抗，1932 年 1 月 28 日淞沪抗战爆发后，东宝兴路 125 弄 1 号的主人为躲避战乱而逃离，后来，在这里进进出出的是日本海军官兵。这栋房子被称为大一沙龙时，即是日本人在海外的第一个慰安所。

大一沙龙 四川北路1702弄

武进路毗连式公寓 武进路206-296号 建于1920年代初期，为英商业广房地产公司的产业，略带欧洲古典主义建筑风格的安妮女王复兴建筑，3层砖混结构，局部4层，平面呈长方形，外立面券窗连续，青砖镶嵌红砖带饰。

武进路毗连式公寓 武进路206-296号

恩德堂 乍浦路 480-490 号 1881 年中华福音会在此建立教堂，取名 Endeavour Church，音译为恩德堂。1930 年代重建教堂，为我们今日所见，砖木结构，红色清水砖墙，有通高壁柱和拱券。1941 年 12 月太平洋战争爆发后，上海英、美籍教友或离沪回国，或被日军关入集中营，教堂即由汪伪政府派人主持。1945 年后，被关押的教友释放出狱，开始重振教会，1948 年一度改名“忠主堂”。解放后，由于在上海的外侨人数所存不多，该教堂遂作为外侨的专用教堂，改称“联合布道会堂”。1958 年，联合布道会活动结束，该教堂即由虹口区人民政府接收，为虹口区科技协会、集体事业管理局等机构使用。

恩德堂 乍浦路 480-490 号

恩德堂神职人员住宅 武进路 225 弄 3-11 号

恩德堂神职人员住宅 武进路 225 弄 3-11 号 建于 1930 年代，砖木结构，外墙以青砖为主，有双门毗连的入口，很有特点。1881 年中华福音会在乍浦路建立了恩德堂，随后，这里便成为恩德堂神职人员的住宅，至 1930 年代，这里重建了一批住宅继续供神职人员居住。1941 年太平洋战争爆发后，一部分神职人员被日本人关进了集中营，一部分人回到了欧洲，此后，这里的住宅大部分为上海居民进驻。

本圀寺上海别院 乍浦路 439 号 建于 1922 年，属于日本日莲宗的寺院，留有日本卷棚悬山顶风格的入口和门廊。1932 年，虹口公园庆祝日本天皇诞辰日，朝鲜爱国志士尹奉吉炸死了日本上海派遣军的司令官白川义则大将，本圀寺曾经立有纪念白川义则的石碑。现为民居。

本圀寺上海别院 乍浦路 439 号

西本愿寺上海别院 乍浦路 455、471 号

西本愿寺上海别院 乍浦路 455、471 号 建于 1931 年，由日本人冈野重久设计，马蹄形的拱形大堂，带有印度佛教的建筑特征，为仿东京筑地的西本愿寺的建筑。大门口的白色浮雕刻有群鸟和莲花叶瓣的图案，十分精美，曾经有一座 9 层的佛塔，现已不存。西本愿寺上海别院不远处，武昌路的东本愿寺上海别院已不存在。西本愿寺的边上为西本愿寺会馆（武进路 247 号，原为 4 层的钢筋混凝土结构的转角建筑，后被加层）。西本愿寺是日本佛教净土真宗本愿寺的大本山，1876 年进入中国。在上海的日本人死后多把骨灰存放在这里，里面还设有很多死在上海的日本人的牌位。被尹奉吉炸死的白川义则的牌位也在其中。第二次世界大战结束之后，西本愿寺被政府取缔。后作为商业场所至今。

基督复临安息日会沪北会堂 武进路 183 号 建于 1916 年，拥有清水红砖和连续尖券窗的 2 层建筑，为基督复临安息日会中华总会开设在此的会堂。该会堂是该会在上海建造的第一座教堂，也是后来该会在上海的传教士聚集的场所。1933 年，鲁迅曾经租用该场地举办“俄法书籍插画展览”。1966 年 8 月沪北会堂停止活动。1979 年短暂恢复沪北会堂的教会活动，后出租商用。

基督复临安息日会沪北会堂 武进路 183 号

第 8 站

北苏州路

1
2
3
4
5
6
7
8

北苏州路河岸

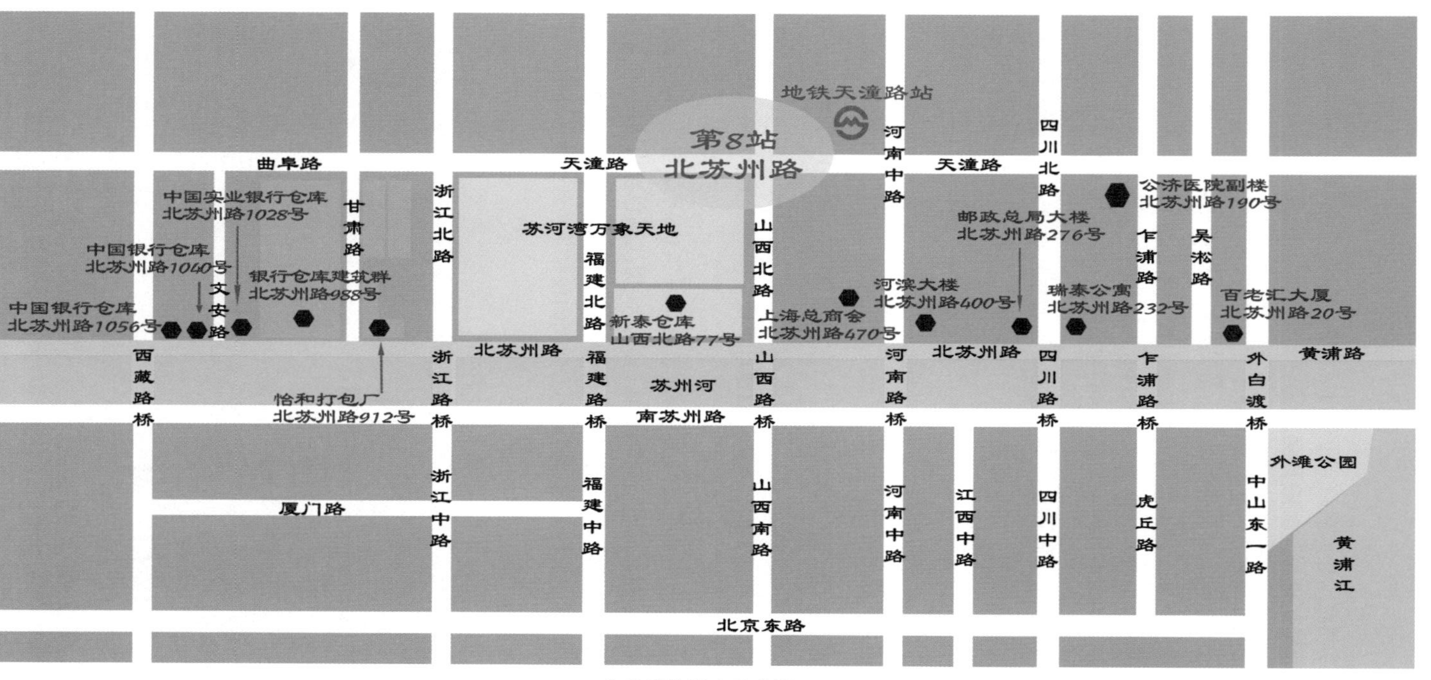
第8站
北苏州路
地铁天潼路站
曲阜路
天潼路
天潼路
中国实业银行仓库
北苏州路1028号
中国银行仓库
北苏州路1040号
中国银行仓库
北苏州路1056号
银行仓库建筑群
北苏州路988号
甘肃路
文安路
浙江北路
苏河湾万象天地
福建北路
新泰仓库
山西北路77号
山西北路
上海总商会
北苏州路470号
河南中路
河滨大楼
北苏州路400号
邮政总局大楼
北苏州路276号
四川北路
瑞泰公寓
北苏州路232号
公济医院副楼
北苏州路190号
乍浦路
吴淞路
百老汇大厦
北苏州路20号
北苏州路
北苏州路
黄浦路
西藏路桥
恰和打包厂
北苏州路912号
浙江路桥
福建路桥
苏州河
南苏州路
山西路桥
河南路桥
四川路桥
乍浦路桥
外白渡桥
外滩公园
厦门路
浙江中路
福建中路
山西南路
河南中路
江西中路
四川中路
虎丘路
中山东一路
黄浦江
北京东路

北苏州路漫步示意图

北苏州路东起大名路，西至西藏北路，修筑于1887至1905年，因位于苏州河北岸而得名，全长1960米。

在黄浦江与苏州河交汇处的北岸，沿河而立的百老汇大厦、邮政总局大楼、河滨大楼是大型的杰出历史建筑，它们身旁的苏州河上有着多座著名的租界时期的桥梁。四川路桥畔的邮政总局大楼，在1949年上海解放时是国民党最后的守卫据点。解放军和国民党军队的激烈争夺战就发生在四川路桥两侧。河滨大楼更是犹太人居住地和西方电影公司在上海的大本营。

沿河岸的上海总商会旧址、新泰仓库如今已修旧如旧，这些庞大壮阔的建筑令人印象深刻，如今都成为我们可以进入用餐或是游览参观的好去处。

浙江路桥以西为当年的华资银行仓库聚集地，当年的仓库建筑大部分都保留着，它们在城市更新改造的运动中又一次获得生命力，发挥着新的作用，现在被称为“苏河湾”。

百老汇大厦（现上海大厦） 北苏州路20号 建于1931年9月，竣工于1935年5月，由业广地产公司建筑师布莱特·弗雷泽（Bright Fraser）设计，公和洋行担任顾问，新仁记营造厂承建，因地处百老汇路（现大名路）西端而得名。这是一座外形庄重、高20层的酒店式公寓，钢筋混凝土楼板，钢框架结构，占地面积2123平方米，建筑面积24596平方米，为现代式建筑，立面对称，底层是暗红花岗岩贴面，之上使用浅褐色泰山砖贴面，11层以上逐层退位，中部最高，各层屋顶的檐部以连续的几何图案装饰。平面呈X形的百老汇大厦光线充足，四翼的房间朝向较好，巧妙解决了高楼大厦的采

百老汇大厦（现上海大厦） 北苏州路20号

光问题。1939 年 3 月 25 日，业广公司被迫以 510 万元的折价卖给日本恒产株式会社。1949 年 6 月，中共中央华东局在此成立统一战线工作部，陈毅、潘汉年和周而复曾在此楼 11 和 12 层工作。周而复在百老汇大厦的 11 层东面的房间动笔并写成了著名的长篇小说《上海的早晨》。1951 年，百老汇大厦易名为上海大厦，成为上海市政府接待各国元首及政要的重要场所之一，18 楼餐厅的转角阳台是俯瞰浦江两岸景色的绝佳地点，曾经登临这里观景的世界各地要人不胜枚举。

公济医院副楼 北苏州路 190 号 天潼路 365 号 1918 年由玛礼逊洋行设计，钢筋混凝土结构，高 5 层，带有文艺复兴风格特征，清水红砖外立面，北立面有族徽装饰，初始为公济医院修道院大楼，后用于厨房的功能。这座红砖建筑的边上为摩登的苏宁宝丽嘉酒店，原为公济医院的遗址。当年公济医院在苏州河边上有庞大的医院格局，为上海第二家西医医院。公济医院由法国天主教江南教区于 1864 年创办于外滩附近，1877 年迁至北苏州路，1953 年改为上海市第一人民医院。1996 年，上海市第一人民医院搬迁至武进路 85 号。遗憾的是，2010 年公济医院老建筑被大片拆除，仅留下这一座公济医院北侧的修道院大楼。

公济医院副楼 北苏州路 190 号
天潼路 365 号

公济医院副楼立面上的族徽装饰

瑞泰公寓 北苏州路 232 号

瑞泰公寓 北苏州路232号 约建于1930年，为较早在上海出现的现代主义建筑之一，但仍带有装饰艺术的风格。瑞泰公寓沿四川北路、北苏州路、天潼路布局，占地面积800余平方米，建筑面积3900余平方米，钢筋混凝土结构，平面整体呈“C”形，外立面采用清水红砖。在半围合的建筑背后是旧式里弄瑞泰里。瑞泰公寓和瑞泰里的开发商为瑞泰地产公司。

邮政总局大楼 北苏州路276号 在外滩源漫步，总会看见苏州河对岸的邮政总局大楼。这座拥有“远东第一大厅”美誉的雄伟大楼建于1924年，由英籍建筑师思九生（R.E.Stewardson）设计，余洪记营造厂承建，平面呈U形，占地面积6400平方米，建筑面积25294平方米，高4层，钢筋混凝土结构，另有地下1层，建筑高度为51.16米，整体为折衷主义的建筑风格，外观为新古典主义风格。外立面有贯通3层的科林斯巨柱式壁柱。高13米的钟楼

邮政总局大楼 北苏州路 276 号

邮政总局大楼的钟楼

有巴洛克风格曲面的顶部，钟楼基座的两边各有一组铜铸的雕塑，一组为邮神墨丘利（Mercury）和两边的爱神，象征邮政充当公众的信使；另一组为三个人分别手持火车头、飞机和通信电缆的形象。这两组雕塑为1999年按原来的石膏模子铸造的复制品。另外，在1949年春天扼守邮政总局的国民党部队在此被邮电职工劝降，大楼的332室留存有玻璃窗上的一个枪眼。邮政总局现内设上海邮政博物馆。

邮政总局大楼围合的庭院

河滨大楼 北苏州路400号 邮政总局大楼的旁边就是曾经有“亚洲第一公寓”之称的河滨大楼，它最初的业主是当年上海滩的房地产大王新沙逊洋行。河滨大楼占地面积7000平方米，建筑面积54290平方米，高8层，钢筋混凝土结构，申新营造厂承建。河滨大楼建于1931年，竣工于1935年，拥有9部电梯、11个出入口，其豪华程度令人惊叹，其初始的租客不少是电影史上一些著名的电影机构，如联利影片有限公司、联合电影

河滨大楼 北苏州路400号

公司，以及米高梅影片公司驻华办事处和一些欧洲电影公司在上海的分公司。著名的《纽约时报》驻沪办事处、联合国驻沪办事处都曾经在楼里办公。河滨大楼的主入口的地坪上写有E、B字母，其为河滨大楼英文名称第一个字母的缩写（Embakment Building）。河滨大楼于1978年加建了3层。

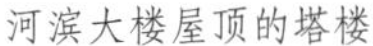

河滨大楼屋顶的塔楼

河滨大楼的主入口的地坪上写有E、B字母

上海总商会 北苏州路470号 1884年，在这片8000平房米的土地上建起了天后宫和出使行辕。1912年，上海商务公所和上海商务总会合并成立上海总商会，新址即为这里。1916年竣工，这是红砖立面的新古典主义建筑，四坡屋顶，立面对称，横三段竖三段处理，石刻雕饰丰富，2层有可容纳800人的大议事厅，2层立面的窗楣交替出现两种装饰：圆弧形和三角形的山花，通和洋行设计。上海总商会创造了中国多个第一：第一个商务公断处，起草了第一份商法草案，第一家商品陈列所。现为宝格丽酒店宴会厅。1920年，上海总商会又在北苏州路设置了一座仿罗马提图斯凯旋门的入口，拱券的大门，四根科林斯柱，显出强大的气场。

上海总商会 北苏州路470号

上海总商会的入口

上海总商会的 2 楼门厅

河南路桥 河南中路过苏州河的桥 初建于 1875 年，原为木桥，名三摆渡桥，后因桥北新建天后宫而被称为天后宫桥。1927 年，原木桥被拆除，改建为一座长 64.46 米、宽 18.2 米的 3 孔混凝土悬臂挂孔桥，并被命名为河南路桥。2006 年，河南路桥拆除重建，改 4 车道为 6 车道。作为苏州河上的景观桥梁，伫立桥上，可以很好地欣赏苏州河两岸的风光。

夜幕降临时的河南路桥

新泰仓库 山西北路 77 号 建于 1920 年，由英商泰利洋行设计，投资商为瑞康颜料行的老板贝润生，用于纺织品存放的仓库。新泰仓库为大体量的中西混合建筑，建筑面积 6105 平方米，高 3 层，砖混结构，木质立柱，抬梁式构架。1950 年代后，新泰仓库由上海商业储运公司接管。现为展览艺术中心。2021 年 11 月曾经展览

新泰仓库 山西北路 77 号

新泰仓库现为展览厅

了《城市愿景·可持续人居》，这是关于建筑大师福斯特所主持项目的大型展览。2022年10月，新建的苏河湾万象天地公共绿地建成，新泰仓库成为绿地内的文保建筑。

浙江路桥 1908年建成，鱼腹式简支梁钢桁架桥，桥梁跨度59.741米，横跨苏州河，连接浙江北路和浙江南路。浙江路桥原为木桥，竣工于1880年，因市民生活垃圾多堆在桥旁码头外运，浙江路桥还曾被称为“老垃圾桥”。1887年，因木桥已有毁损，遂将旧桥拆除，另建一座宽5.19米的新的木桥。1908年又将木桥拆除，新建了我们现在看到的钢架桥。建成后的浙江路桥逐步成为苏州河上的重要交通设施。当时的桥上铺设单轨，通行英国电车公司运营的5路和6路有轨电车。2015年4月，浙江路桥被整体移至附近搭建的“临时厂房”里进行大修。2015年12月28日，浙江路桥重新通车。

浙江路桥

怡和打包厂 北苏州路912号

怡和打包厂 北苏州路912号 1907年竣工，英式红砖建筑，呈L形平面布局，高3层，有砖饰。原为怡和打包厂、中国纺织品建设公司第二仓库、粮食部上海第十一仓库。这座红砖建筑的北面另有2栋红砖建筑，当年也是中国纺织品建设公司第二仓库。现为华侨城苏河湾商坊会馆。

银行仓库建筑群 北苏州路988号 位置为今天的文安路（除中国实业银行货栈大楼）和甘肃路之间沿苏州河岸，曾经是多家银行的货栈，分别是浙江兴业银行货栈、聚兴诚银行第一仓库、江苏农民银行上海分行仓库、金城银行仓库、扬子仓库和浦东银行仓库。1993年，银行仓库建筑群经改建后成为上海工业品批发市场，建筑面积60000平方米。现为重建中的建筑，原建筑基本不存。

银行仓库建筑群 北苏州路988号

中国实业银行仓库 北苏州路 1028 号

中国实业银行仓库 北苏州路 1028 号 建于 1931 年，竣工于 1932 年，高 7 层，钢筋混凝土结构，现代派建筑，初始为中国实业银行货栈大楼。中国实业银行 1915 年由北洋政府财政部筹办，1919 年 4 月成立。主要发起人为前中国银行总裁李士伟、前财政总长周学熙、前国务总理熊希龄、钱能训等人。

中国银行仓库 北苏州路 1040 号 文安路 29 号 建于 1933 年，为钢筋混凝土结构，高 11 层，现代派建筑，由陆谦受和吴景奇设计，分为南北 2 栋建筑，占地面积 2600 平方米，建筑面积 18400 平方米，其南栋面对苏州河的南立面，用了圆弧和横向水平的表现手法，顶部写有“JK”，为金库的拼音首字。作为中国银行办事所及堆栈，曾经的地下 1 至 4 层为仓库，是存放商号、公司向中国银行贷款抵押品的实物堆放仓库，5 层以上为办公区域，南栋建筑的背面，其西侧在原 10 层的基础上于 1985 年加建了 1 层，其东侧在原 4 层的基础上于 1986 年加建了 3 层。北栋建筑并不是历史保护建筑，但其多层次造型的观赏性比较强。这座 1930 年代仓储建筑的代表作见证了上海早期银行业的发展历程。2021 年，经过品牌重塑和建筑更新，已转身为苏州河北岸集创意办公和商业休闲为一体的办公综合体，名为“金库 1933”。

中国银行仓库 北苏州路 1040 号

中国银行仓库 北苏州路 1056 号 西藏北路 18、30 号 建于 1920 年代，陆谦受设计，由 4 栋现代派建筑组成，为中国银行早期的仓库。2014 年经过改造的 4 栋独立建筑被打通、连结，形成整体统一的空间结构。现为上海市级文化创意产业园区“四行天地”。

中国银行仓库 北苏州路 1056 号

西藏路桥 竣工于 1853 年，时名泥城桥，北起西藏北路曲阜路口，南止西藏中路厦门路口，1922 年拆除重建，1942 年更名为西藏路桥。2004 年再次拆除重建。1937 年 10 月 26 日至 11 月 1 日，淞沪会战期间的四行仓库守卫战就发生于西藏路桥北堍的四行仓库。四行仓库的 377 位壮士于 1937 年 11 月 1 日从西藏路桥集体冲桥，撤退至桥南的公共租界。

西藏路桥

第 9 站

南外滩

1
2
3
4
5
6
7
8
9

南外滩外马路街景

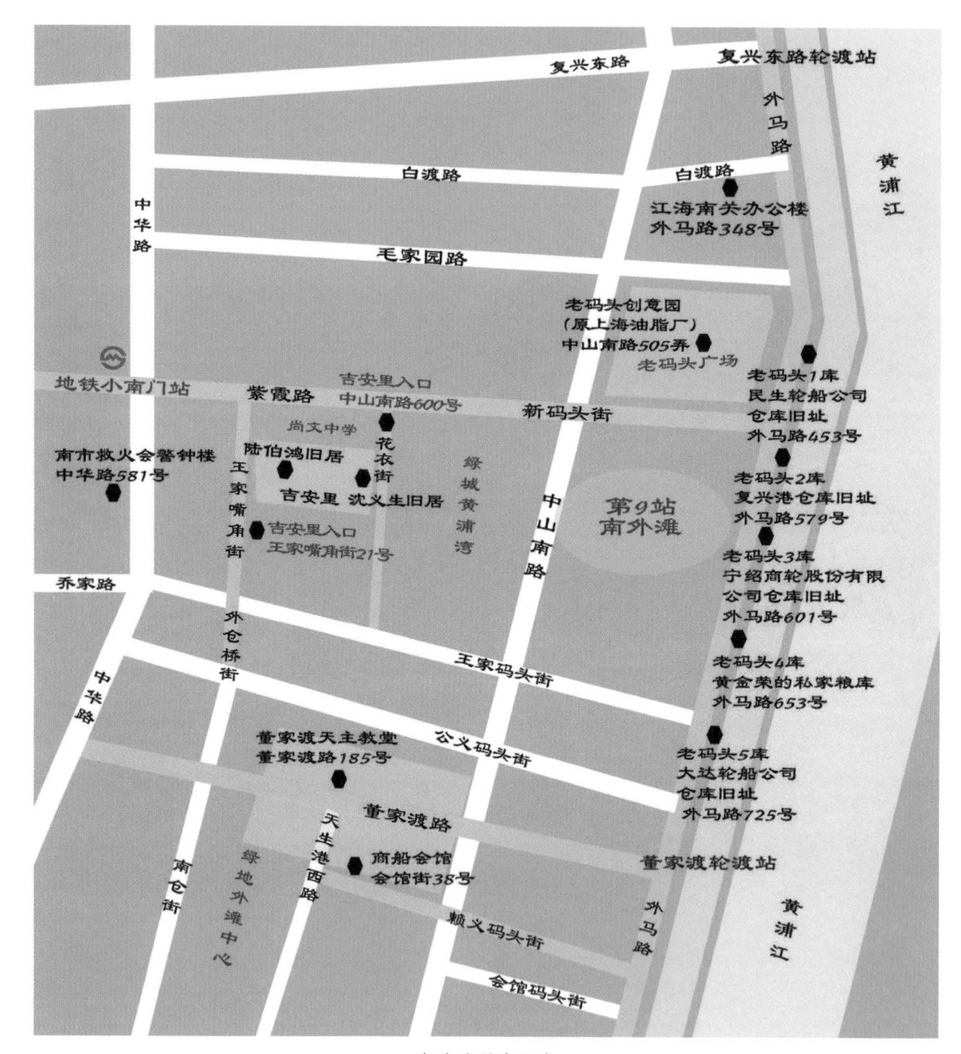
复兴东路
复兴东路轮渡站
外马路
黄浦江
白渡路
白渡路
江海南关办公楼
外马路348号
中华路
毛家园路
老码头创意园
(原上海油脂厂)
中山南路505弄
老码头广场
地铁小南门站
紫霞路
吉安里入口
中山南路600号
新码头街
老码头1库
民生轮船公司
仓库旧址
外马路453号
尚文中学
南市救火会警钟楼
中华路581号
陆伯鸿旧居
花衣街
王家嘴角街
吉安里
沈义生旧居
绿城黄浦湾
中山南路
第9站
南外滩
老码头2库
复兴港仓库旧址
外马路579号
吉安里入口
王家嘴角街21号
老码头3库
宁绍商轮股份有限
公司仓库旧址
外马路601号
乔家路
外仓桥街
王家码头街
中华路
老码头4库
黄金荣的私家粮库
外马路653号
董家渡天主教堂
董家渡路185号
公义码头街
老码头5库
大达轮船公司
仓库旧址
外马路725号
董家渡路
天生港西路
商船会馆
会馆街38号
董家渡轮渡站
南仓街
绿地外滩中心
外马路
赖义码头街
黄浦江
会馆码头街

南外滩漫步示意

南外滩是由新开河路、人民路、中华路、陆家浜路、国货路、黄浦江西岸围合的区域，总面积约 160 公顷，其中沿黄浦江的岸线长度约 3300 米。南外滩的黄浦江沿岸是从新开河路、十六铺码头、复兴东路码头、外马路至南浦大桥的一线。在老上海，这里被称为十六铺外滩和董家渡外滩。

十六铺曾经码头林立，商号众多，如今是十六铺旅游码头，是观赏黄浦江两岸风光的极佳之地。当年张啸林在这里打架斗殴成为地头蛇，黄金荣在这里设置仓库贩卖烟土，杜月笙在这里的水果摊当学徒。这三个人在这里组成了当年上海滩实力最强的流氓黑帮集团。

从复兴东路至南浦大桥的沿岸景观带以老工业建筑为主要特色，属于工业旅游景点。其中的老码头创意园区原来是上海油脂厂。园内目前共有 22 栋建筑，布局完全没动，维持当年的原貌。

董家渡外滩，是漕运时代沙船林立的地方，如今已是历史建筑与现代楼宇交相辉映之地。董家渡天主堂、商船会馆和沈义生旧居被座座高楼围合着，在新旧交替的时空里，依然可以领略到昔日的辉煌。

江海南关办公楼 外马路 348 号 这栋 3 层的砖混结构的洋楼始建于 1922 年，布局对称，南立面有 4 根多立克巨柱。1685 年，中国设立四大海关（江海关、粤海关、浙海关、闽海关），江海关最初设于连云港，后移至松江，1687 年又移至于此，被称为江海关南关。当时的江海关主要负责的辖区为江苏省境内的所有出海口。1854 年后，外滩设立了江海关北关，被称为北关。上海历史博物馆收藏有 2 块“江海常关”的界碑。

江海南关办公楼 外马路 348 号

江海南关办公楼的南立面

老码头创意园（原上海油脂厂） 中山南路 505 弄 南外滩的核心地标，原为上海油脂厂的厂房和职工生活区，曾经的锅炉房、职工澡堂和破旧厂房已被特色酒吧、休闲会所、主题餐厅、个性零售、创意工作坊、先锋艺术家工作室所取代。园区内的老码头广场为园区的中心，是新时尚生活的主要场景。园区周围聚集着众多上海最早的码头仓库、航运建筑、石库门住宅。

老码头石库门街之一 中山南路 505 弄

老码头石库门街之二 中山南路 505 弄

老码头 1 库 民生轮船公司仓库旧址 外马路 453 号 民生轮船公司的主人是卢作孚。卢作孚是当时上海滩的著名航运大亨，毛泽东曾经称赞他是“四个不能忘记的中国实业家”之一。民生轮船公司，由著名实业家卢作孚于 1926 年创办，至 1949 年，民生公司已经拥有 148 艘江海轮船，投资 60 多个企事业单位，成为中国最大和最有影响的民营企业集团之一。卢作孚青年时便提出教育救国，并为之奋斗。自学成材后创建学校、图书馆、博物馆，普及文化和教育。

老码头 1 库 民生轮船公司仓库旧址 外马路 453 号

老码头 2 库 复兴港仓库旧址 外马路 579 号 在 1954 年公私合营之前，这里一直被称为“大储栈”。几经改建。今日我们所见的是 2010 年由上海沃弗商业投资管理有限公司重新设计，其外貌简洁而流畅，虽朴实无华，但框架宏伟，气质硬朗。

老码头 2 库 复兴港仓库旧址 外马路 579 号

老码头 2 库 复兴港仓库旧址东立面

老码头 3 库 宁绍商轮股份有限公司仓库旧址 外马路 601 号 宁绍商轮股份有限公司成立于 1908 年，由虞洽卿、严信厚等联络绍兴帮人士在上海创建，资本为 150 万元。虞洽卿任总经理，所属之宁绍、甬兴两轮行驶甬申航线。在虞洽卿一生当中创办了三大航运公司：宁绍轮船公司、三北轮埠公司、鸿安轮船公司。

老码头 3 库 宁绍商轮股份有限公司仓库旧址
外马路 601 号

老码头 3 库 宁绍商轮股份有限公司仓库旧址的
西立面入口

老码头 4 库 黄金荣的私家粮库 外马路 653 号

老码头 4 库 黄金荣的私家粮库 外马路 653 号 这座当年的私家粮库，如今按 1930 年代的图纸恢复了外立面，变身商务楼。东面沿江的立面丰富而有现代感，北部的外楼梯和 2 层的露台都是观景之处，底层架空的廊道可以穿行至外马路上的西立面，而西立面却是褐色砖墙砌筑的复古味道。

老码头 4 库东立面的外廊

老码头 4 库西立面的入口

老码头 5 库 大达轮船公司仓库旧址 外马路 725 号 这座在外马路东侧沿江的转角建筑已经被翻建一新，底层被设计为大柱架空的“走廊”，楼上则是新文化和新艺术的展示场地，当年的仓库绝无痕迹，面对江面的东侧，层层的内凹走廊是眺望江景的好地方。大达轮船公司成立于 1903 年，为著名实业家张謇创办，张謇任总经理，江石溪任协理，主要运营上海至南通等地的航行，其大达码头位于东门路至复兴东路的黄浦江沿江江段。经过近百年的运营，大达码头完成了历史使命，于 1999 年 1 月被关闭。

老码头5库 大达轮船公司仓库旧址 外马路725号

老码头5库 大达轮船公司仓库的西立面

董家渡天主教堂（圣方济各沙勿略天主堂 S. Francisco Xavier Church） 董家渡路185号 始建于1847年，1853年落成，由西班牙耶稣会传教士范廷佐（Father Jean Ferrer）设计，为上海近代第一座拱券技术建造的教堂。该堂奉圣方济各沙勿略为主保，故被定名为圣方济各沙勿略天主堂。这是当时中国最大的教堂，是上海教区第一座主教座堂。该天主堂的正面为巴洛克式风格，内部结构则为欧洲文艺复兴风格，而内饰则有较多的中国式的图案，是上海现存最早且未经改建的教堂。范廷佐在上海的另一个作品是徐家汇老教堂（现已不存）。1852年，范廷佐在徐家汇开办了一所绘画和雕刻工艺学校，并在学校任教，教中国学生画宗教画，以及传授手工艺。该学校后来并入土山湾学校。

董家渡天主教堂 董家渡路185号

董家渡天主教堂的西南立面

商船会馆 会馆街38号 始建于1715年，占地20亩，江南风格的建筑，现在只剩戏台和大殿。由周边的十六铺至董家渡一带的沙船商集资兴建。商船会馆承载着上海航运发展的一段历史。建立在同乡同业基础之上的会馆主要是为了集众船之力，以面对来自贸易和社会势力的风险。

商船会馆 会馆街38号

商船会馆的大殿

商船会馆戏台的藻井

吉安里 中山南路600号 吉安里为新改建的仿石库门新式里弄建筑群。吉安里中山南路入口处的花衣街为上海最大的棉花交易市场，而吉安里是钱庄和棉花商行汇聚之地，其中慈善家、实业家陆伯鸿的旧居“陆宅”也在其中，原地址为北施家弄146号，现迁址改建到了吉安里。吉安里另有沙船大王沈义生旧居（建于1860年，四进五开间），原地址为花衣街116号。1920年，沈义生旧居易手于当年的金融巨头严同春商行，如今，沈义生的旧居被平移百米融入重新建造的吉安里，成为“陆宅”的邻居。

吉安里 中山南路600号

吉安里的另一个入口 王家嘴角街21号

沈义生旧居 吉安里 中山南路600号

南市救火会警钟楼 中华路581号 建于1909年，1910年10月竣工，纯铁打造，高35米，有3个小平台，顶层悬挂着铜铸警钟，高1米，重约2180公斤，求新造船厂设计并承建，其位置在上海县城城墙的墙基之上，名为上海救火联合会警钟楼。1911年11月3日下午2点钟，警钟楼的警钟大鸣，上海发动了推翻清王朝统治的上海起义。几年后，城墙被拆毁，却留下了这座老城厢内的警钟楼，继续守护着南市人民不被火神侵扰。1927年，上海工人第三次武装起义仍以警钟楼的钟鸣为信号。

南市救火会警钟楼 中华路581号